PSYCHOLOGY

零基础
心理学入门书

黄君　多纳／著

日常生活中的荒诞心理学

中国法制出版社

CHINA LEGAL PUBLISHING HOUSE

我有一个朋友，喜欢表现自己的博学多识，不管别人问他什么他都会说："对对对……""没错没错没错……"时间长了，大家就以为他真的什么都懂，遇到什么问题都喜欢先来问问他。其实他也只是略知一二而已，但是他觉得什么都知道才能受人尊重，而且他很享受这种感觉，于是他一直都在装。

终于有一天，有人问他，大米里生虫了，是不是应该把窗户关好，别让虫子飞进去，他也笑着点头："对对对……"旁边人看不下去了，说了一句："大米里的虫子是自己生出来的，而不是飞进去的！"场面极度尴尬。

相信很多人看到这里会有共鸣，你是不是曾经也遇到过这样的人呢？他们就只是单纯为了装而装吗？其实并不是的，这只是一种心理学上的现象——达克效应，人越无知往往会越自信，俗话说"无知者无畏"也是同样的道理。

达克效应（D-K effect），全称为邓宁-克鲁格效应，是一种认知偏差，指的是能力不济的人往往有一种虚幻的自我优越感，错误地认为自己比真实情况更加优秀。

与陌生人闲聊，别人对你说："最近股市又跌了，××股票走势堪忧。"

你怎么回应？

"别跟我说这个，我不懂！"

我估计这样回答的人应该不多，虽然很诚实，但是情商也太低了。即便对股票一窍不通，我相信绝大多数人也会微笑并点头回应对方。还有一些喜欢不懂装懂的人，估计会煞有介事地跟你扯上国际政治、经济形势，引用一段巴菲特的名言，从宏观与微观角度告诉你什么是股票……

大卫·邓宁和贾斯汀·克鲁格认为，人们经常会装作很懂的样子，尽管讨论的主题他们并不懂。可为什么要不懂装懂呢？因为知识在社会中很有价值，所以很多人虽然不懂一些事，也会扯上两句，显得自己什么都懂。

越聪明的人，越能够清醒地认识到自己的能力，反之亦然。

其实生活中的各种奇葩怪事、怪异行为，都可以在心理学中找到源头，了解了这些心理学知识，我们便能够从心理学的角度出发，去调整自己的行为模式。那么，如果你能够从这本书中找到自己生活中的影子，又或者能获得哪怕一丁点儿的启示，作者便极度欣慰。

至少看到这里的你，知道了达克效应，明白了你身边那些喜欢装博学的人并不是喜欢装，可能只是无知而已。

这是一本以研究人们日常生活中的怪异行为为基础的作品，在这本书中，你会看到很多有趣的故事。事先声明，故事是虚构的，然而你却可以从中看到很多人的影子。除故事外，你还会了解到每一种行为背后的心理学原理，从而更好地了解这些荒诞行为背后的原因。

Contents
目录

第三章

每一分钟都有一个笨蛋诞生

第四章

为什么你的关注点总和别人不一样？

第五章

为什么他的人缘那么好，你的人缘那么差？

第六章

职场"怪兽"多，你要见怪不怪

第七章

解锁亲密关系的实用心理学技巧

第一章

为什么有的人能坚持到底，有的人却熬不过几天？

为什么半途而废的总是你？——半途效应

小云和小吉是双胞胎兄弟，两人相貌非常相似，感情也特别好。

兄弟俩8岁那年，妈妈带他们去游乐场玩，游乐场有个迷宫，能从终点走出来的小朋友就会得到一个变形汽车人的玩具。小云和小吉手牵手走了进去，过了一会儿，妈妈看到工作人员抱着大哭不止的小云走了出来。工作人员说，小云走了一半就大哭起来，说什么也不继续走了，不管弟弟小吉怎么说，小云都不愿意继续走。那天小吉赢得了一个汽车人玩具，小云又哭起来，妈妈没有办法，只能也去给小云买了一个一模一样的玩具。

16岁那年，兄弟俩有了各自的梦想。小云想当一名音乐人，小吉想当演员。小吉对哥哥说："你没有系统学习过音乐，做音乐人可能不太现实，要不我们一起学表演吧。"但小云非常执着，要靠自学准备音乐学院的考试。然而真正自学起来才知道有多难，第一年小云落榜了，而小吉凭借着优越的外形条件被表演系录取了。

18岁那年，小云放弃了自学，找了一名专业的音乐老师指导自己，学着学着小云又发现，自己和那些从小学习音乐的人相比差得实在是太多了，那些别人早已经熟练到像本能的技能和知识，自己却还要从头学起。这一年小云连考试都没有去参加，而小吉已经接拍了几个广告，开始在电视剧里"打酱油"了。

19岁那年，小云也考进了表演系，成了弟弟小吉的师弟。小吉特别开心，打算把自己认识的为数不多的圈内导演介绍给哥哥认识，憧憬了一番兄弟俩一起闯荡演艺圈的美好景象。小云却说："现在的电视剧都太差劲了，我打算毕业就做导演，到时候我让你当男一号，以后有哥哥在，你就不怕没戏拍了。"小吉只是苦笑了一下，什么也没有说。

25岁那年，毕业一年多的小云没有演过一部戏，并不是没人找他，只是他一门心思要做导演。而小吉这时候出演了一部大热剧的男二号，开始小有名气了。

28岁那年，小吉给哥哥拉了一个赞助商，投资让小云拍一部微电影，小云兴致勃勃，满是雄心壮志地去了。半个月不到，赞助商就给小吉打电话，上来就是一通埋怨，说小云撂挑子不导了。小吉找到小云的时候，小云非常淡定地说："弟弟，太难了，比我想象中的难多了，看来导演我是干不了了。"

32岁那年，小云在电视剧里零散地跑过几次龙套，因为年纪偏大，又没有太多演戏的经验，所以一直也接不到好的角色。而小吉出演的电影初登大荧屏就获得了"红花奖"提名，虽然未获奖，却在那一年频登娱乐版头条。

37岁那年，小云已经退出演艺圈将近两年了，他回到家乡开了一个小店。而小吉获得了人生中第一个最佳男主演的奖项，在颁奖礼上他哭着说："我有一个哥哥，他的梦想是当一个导演，就是为了有朝一日能演他导的片子，我才坚持不懈地努力演着。"电视里播出这个画面的时候，身边的小女儿拉了拉小云的衣袖："爸爸，叔叔说的人是你吗？"小云怔了怔："不是，不是爸爸……"

你以为故事到这里就结束了吗？并没有。

后来，小云和小吉都去世了，两个人见到了引路天使，要他们分别讲述一下自己的人生经历，从而判断他们能否上天堂。小云讲着讲着，说："算了，不想讲了。"于是小吉进了天堂，小云则因为没有讲述完自己的一生而接到一个工作：上帝命他去卷线团，只要卷好一个线团，线不断就可以上天堂了。小云开始卷，卷着卷着他发现线断了，只得从头开始。卷着卷着，线又断了，只得从头再来。日复一日，年复一年，小云永远都在卷着这团无法卷完的线团。

故事讲完了，或许你的脑海中忽然闪过一个问题：我们是不是也常常如小云一般做事半途而废？为什么会这样？

小云每一次鼓起勇气出发，在看不到终点的路上却总因各种坎坷而放弃，其实这是心理学上所说的"半途效应"在作祟，通俗地说，这种效应是指某行为进行到一半时，由于心理因素及环境因素的交互作用而导致的对目标行为的一种负面影响。

大量的事实表明，人的目标行为的终止期多发生在"半途"附近，在人的目标行为过程中，中点附近是一个极其敏感和脆弱的活跃区域。背包客克莱尔的一生颠沛流离，6岁时父母离异，22岁时母亲去世，此后四年她都过着水深火热的生活，婚姻也最终破裂。绝望地生活了几年之后，她决定通过徒步旅行的方式重新找回自我。她选择徒步穿越全长2650英里的太平洋屋脊步道，这是美国远足三大胜地之一。

每年四月，大批远足者会从墨西哥边境出发，到九月和十月陆续会有人走完全程。心理学家曾对这些远足者进行过调研，研究表明，退出者一般会在以下两个地方放弃：出发100英里左右的地方，以及1000英里的地方。第一个敏感脆弱点很容易解释，一些人过高地估计了自己，完全坚持不下来，他们抱着试一试的心态，但试了100英里后发现吃不了苦，拍拍照片，留个纪念就结束了。

就像故事里的小云，在一心想走的演艺事业这条道路上并非没有机会，但是由于自我认知不足，一意孤行选择自学，忽略了事情本身的困难度，且缺乏意志力，最终导致半途而废。所以，在做一件事情之前首先要做好自我能力评估和困难预判。

你需要问自己几个问题：

·**我目前的能力够不够支撑我的梦想？不是想做什么就做什么，而是能做什么才做什么。**

　　·我所追求的是不是自己真正感兴趣的事？

　　·我准备好迎接通往目标之路上的各类困难了吗？如果真的有很多困难，我是否还愿意继续？

　　这也是通常所说的意志力，可别小看这三个字，这才是最大的拦路虎，北艾奥瓦大学教授、作家罗伯特·沃勒说过，虽然很多时候我们是在用判断力思考问题，但最终解决问题的还是意志力而非才智。

　　如果问完这三个问题，内心得到的是肯定答复，这时候才适合行动，因为仅仅凭借兴趣与一腔热血是远远不够的。

　　接下来，我们再来看一看第二个敏感脆弱点。实验结果表明，对于另外一些相对有经验的背包客来说，在成功闯过第一个敏感脆弱点之后就养成了一定的习惯，这也是其中一些人可以完成远足的原因。然而，还有很多人会倒在1000英里即一半路程的地方。克莱尔2015年就是在1232英里的地方退出的，她曾这样描述自己的感受：刚开始的时候一切都是新奇的，充满挑战的，但到了半途，在一英里一英里走下来后，旅程变成了平庸的琐事，就失去了激情，令人精神疲劳。

　　从这些背包客身上我们可以看到养成良好的行为习惯是成功完成目标的关键所在，对于某个目标，一旦养成习惯，就会更容易完成，这是常识。所谓习惯成自然，我们会机械性地重复，一步步完成目标。但是不断重复旧有的习惯也会形成倦怠期，这是因为机械性地重复某些行为会令人感到枯燥无聊。

　　心理学家在对这些背包客跟踪研究的过程中，发现一名叫凯蒂的背包客和她的成员在远足的途中下载了一款游戏，每隔 1—2 天就有一个猜谜任务要完成，还有一些人会尝试写博客，分享阅读经历等，让行走变得更有趣味性。由此可见，我们除了需要养成习惯，还需要解决伴随行为习惯的情绪递减，也就是说，要让行为习惯变得有趣起来，不断加入新的刺激。可以为目标设立奖励机制，拍摄为完成目标而努力向前的 Vlog、日常奋斗剪影等。

　　在通往目标的路上难免会出现以上两大敏感脆弱点，引发半途效应，但是如果我们做好提前预警和自我管理，培养良好的心理韧性，不断增加兴趣或好玩的情绪体验，相信每天都会有新进展和新收获。

每天在公交车上喊着要接工程的人都在想什么？
——心理补偿

小良是个聪明的孩子，他的聪明在很小的时候就显露出来了。3岁去商店买玩具的时候他就展示出与众不同的智慧，他不声不响地把货架上的玩具看了一遍之后，指了指最高处的那个说："要。"

货架最上面的往往是最大的玩具，而一般的孩子看不到那里就会被其他玩具吸引了。"这孩子长大了一定会与众不同的。"爸爸妈妈心里都是这样想的。

事实证明爸爸妈妈的眼光是没错的，小良从上学第一天开始就表现出过人的天赋，学什么都特别快。除了平时学习成绩好，小良还经常去参加各种学科竞赛，基本每次都能拿到很好的名次。小良成了学校的典型，每次开全校大会表彰的学生里面总有小良。

开家长会成了小良父母最得意的时刻，两个人每次都专门请假一起去，享受着老师赞许的目光、其他家长羡慕的眼神。他们经常对小良说："你是爸爸妈妈的骄傲，将来你一定会考上清华北大，光宗耀祖！"

小良内心也是这么认为的，他觉得自己注定是要上北大清华这样的名校，再在名校的背景下找一份轻松、高薪又被人羡慕的工作，所以在高三其他同学都在了解各种学校信息的时候，小良从来没有主动了解过任何学校。

小良高考完要填报志愿了，班主任梁老师根据小良的情况建议他报考本省的一所 985 院校，但小良认真地说："老师，我是注定要考北大清华的人，如果不能去那里读书，我宁愿不读。"梁老师从各种角度旁敲侧击地给小良讲着填志愿的重要性和人要有务实的心态，但小良完全不为所动，坚持填写了北京大学和清华大学两个志愿，且不接受调剂。老师试图说服小良的父母，但也吃了闭门羹。

很快，分数出来了，小良的成绩不如预期。由于小良不接受调剂，最后只能选择一所普通大学。入学之后的卧谈会，大家自然会讨论一下自己的高考成绩。小良的同学得知他的成绩之后全都惊呆了……

一晃四年过去了，小良临近毕业，校招的时候来的也都是一些小公司小企业，小良没有签约，他一心只想去北京找个一流名牌企业工作。去北京，成了小良心中未圆的清华北大梦的延伸。

　　终于来到了梦寐以求的首都，小良踌躇满志，预备在一流名企大展拳脚。然而，这些行业内的顶尖企业的招聘要求小良都达不到，小良连出拳的机会都没有。其中有一个企业老板愿意不拘一格降人才，打算给小良提供一个实习岗位，虽然晋升机会非常多，但是由于起初的工资太低，小良嗤之以鼻："进不了一流名企，我至少也得找个高薪岗位，要不然我来北京干吗？"

　　兜兜转转，小良毕业三个多月了依然没有找到工作。他看上的企业看不上他，看上他的企业他还嫌寒碜。眼高手低中，小良迎来了招聘的寒冬，眼看着招聘信息数量极度缩水，小良第一次开始感觉到心里发慌了。

　　迫于房租的压力，小良去了一家建筑公司当助理，每天在工地上班，应该说这是小良所能找到的工作中比较差的一个，他安慰自己说这只是个过渡，干几个月就离职，但是很快就又改变了想法。他在工地上接触到了许多老板，有房地产老板、建材老板，他们每天谈的都是动辄上亿元的项目、几千万元的工程。小良眼界大开，他突然觉得自己曾经的目标都太狭隘、太渺小、太不值一提了，感觉自己已经找到了新的价值和人生目标。

　　他恢复了之前的热情，开始跟大学同学频繁地联系，寒暄几句之后就热切地讲述自己在做着几亿元的大工程，大家初入社会都忙得不得了，没人能天天陪着他"吹牛"。但是小良实在是太享受于在公共场合说出上千万元乃至上亿元的工程时别人惊诧又艳羡的目光，这一切让他回想起小时候站在主席台上被表扬的时刻，让他回想起父母对他殷切的期望，一种久违的自信感重新回到了他的心中，他沉醉于此，根本停不下来。

于是，他每天上下班途中，无论是在公交车上还是地铁上，都会找人高谈阔论自己正在做的工程项目。很快，愿意听他聊的人越来越少了，可是他的虚荣心没有减少，反而越发膨胀。最后，小良只能拿着电话假装聊天，甚至有的时候竟然拨通了10086，就是为了效果更真实，语音提示一句，小良就说一句，一唱一和，配合得还不错。

时代在变化，我们在公交车上已经很少见到那些张嘴就是工程项目的人了，然而小良没有变，他的心气依旧很高，只不过这么多年过去了，他还是在工地忙碌着。

故事中的小良一直以来太渴望拥有外界带给自己的光环，所以一直活在梦幻的世界里。小良从小所表现出来的天赋，受到别人的赞赏，这本是一种积极向上的动力，是一种真正令人艳羡的荣誉感，但是在成长的过程中却慢慢演变成了膨胀的虚荣感，以及自我认同感的丧失，他后来的行为是寻求心理补偿的一种表现。

心理补偿是指人们由各种主观或客观的原因引起不安、焦虑，导致心理失衡，便企图寻求新的方式来表现自己，从而减轻或消除不安，最终满足自己的内在需求。

心理补偿的方式也有积极和消极之分，小良则选择了不断填补虚荣心这一消极方式，从而陷入了自卑—自负的死循环，这里有小良自身的因素，也有父母盲目教育方式的影响。

积极的心理补偿应该建立在对真实自我的接纳基础上，有意识地发展自己其他方面的长处，努力超越自卑，应该是一种完整的看见，不管是落寞的自己，还是曾经那个引以为傲的自己。

那么，如何做到真正的自我接纳，合理地用好心理补偿呢？

1. 正视自己的虚荣心和内心的真实需要。每个人都曾有过虚荣心，这并不是一件丢人的事情，波兰的调研机构曾经做过一项关于购买 A 货（外贸行业仿冒产品的统称）的调查，调查结果显示，有一半以上的人都购买过 A 货，在采访时有人就坦白地说，自己买 A 货纯粹是想以更低廉的价格买到名牌。这些人很好地正视并接纳了自己的虚荣，与其等别人来拆穿自己，不如先清醒地分析自己的行为，那么当他人想要揭穿真相的时候，就不会有太大的心理落差，也不会觉得有多么不堪，因为这是他们内在的真实诉求。

所以当一个人从外在回归到内在，更关注自己内心的感受和真实需求的时候，承认自己确实在得到别人关注和赞扬的时候会更快乐，就能足够勇敢地剥掉那层伪装，而不是像巴尔扎克说过的那样，"人总是喜欢在别人面前表现自己，自己一无所有，反而要处处装出有的样子"。这样的行为属于自欺欺人。

2. 接纳自己是一个普通人，以及现有的能力边界。接纳自己能力有限的事实，才能更好地弥补不足，将自己的优势发挥到极致，而正确地看待和接纳自我的能力很大一部分来自父母思想和价值观的引导和传递。

从表层上来看，小良是一个很没有自知之明的人，但是小良应该被同情，小良故事的背后其实也折射出了现今一部分父母教育方式的盲目性。很显然，小良的父母也有着非常强烈的虚荣心，把孩子考上清华北大当成全家的骄傲和希望，却忽视了对孩子客观的引导，让小良误以为自己就应该是优秀的，高人一等的，为了赢得别人的肯定，压抑自己的内心，无法摆正自己的位置。如果在填报志愿的时候父母能和小良进行一次深入的交流，让小良意识到不是只有考上清华北大才能证明自己是优秀的，那么小良最后可能不会被动选择落差较大的学校，后来也不会在走上工作岗位后连续碰一鼻子的灰。

3. 不能过高地评估自己在他人心里的分量，这样容易给自己增添无形的压力，也容易失去自我。你要知道，没有人会时刻关注并在意你的一举一动。康奈尔大学心理学教授季洛维奇以及美国心理学家萨维斯基曾做过一个实验，他们让被试穿上印有过气歌手头像的 T 恤走进坐满人的房间，让被试预测会有多少人注意到他们的衣服，大部分被试预测的比例很高。而后询问在场的人，发现仅有 23% 的人注意到了 T 恤上的图案。实验表明，人们会高估自己被瞩目的程度，但其实根本没有那么多人关注或在意你是否失态、犯错、出现心理状况等。这一现象在心理学上被称为聚光灯效应，也叫被洞悉错觉。

你在马路上摔了一跤，以为所有经过的人都会嘲笑你，但是你只要拍拍土重新站起来，就会发现一切照旧。我们更需要的是取悦自己，而不是把审判权交给旁人。

突破自己的虚荣心，打破自己幻想的"舒适圈"，才能真正做到自我接纳，而自我接纳才是成功的真正开始。

真正拖你后腿的，是你自己——归因理论

在大众的认知里，名校毕业生的就业率和收入通常较高，但这个故事里面的主角陈小娜是一名"拖后腿"的名校毕业生。其实严格来说，陈小娜的起点并不低，她从小就很聪明，成绩很优秀，特长也有很多，体育、音乐方面都挺拿手的。没错，她就是那种德智体美劳全面发展的好学生，传说中的"别人家的孩子"。高考时也不出意外地考上了一所名牌院校的一个很有前途的专业，大学四年也是顺风顺水，证书拿了一堆，毕业后就立即进入一家非常有名的企业工作。

但是后来，情况发生了变化。公司新录取的职员集中培训的时候，有一次，培训老师让每个人说一说自己的职场规划和人生目标，一向不畏惧任何考核的陈小娜却犯了难。她似乎没有想好这个问题，

听着这群新同事的职场规划，她都惊呆了：天哪，他们都太有个人的想法了吧。而自己似乎从来没有过这种梦想，从小的目标就是考试，下一次考试，再下一次考试……那么，自己到底有什么样的职业规划和目标呢？陈小娜苦思冥想着。

结果到了陈小娜发言的时候，她依然没有想出来。陈小娜红着脸只说了一句："我的规划就是不论在什么岗位，一定要努力工作。"当时老师愣了一下，随即说这种务实的精神也是非常好的。在周围同事的笑声里，陈小娜只觉得自己很尴尬。

培训结束之后，陈小娜去了技术部工作，但领导似乎不太喜欢她，而一向优秀的陈小娜连连犯了几次错误，最严重的一次差点导致系统瘫痪，酿成大祸。本来就对她不友好的领导立刻向上面打报告申请将她调职，最后把她调到了仓储部。

仓储部的领导倒是和气很多，说像你这种名牌大学计算机专业的毕业生就在这里做做表格很是屈才，又不知道从哪里得知了陈小娜入职时候说的职场规划，觉得这是难得的踏实能干的人才，替她抱不平的同时又对陈小娜特别优待重视。

陈小娜也觉得领导对自己很好，更应该在仓储部好好工作来报答他，虽然这份工作对她来说确实有点太简单了，每天只是把出入库的数据录入电脑，稍微有一点电脑基础的人都是可以做到的。

总是为陈小娜抱不平的领导终于在这天带来了一个好消息，技术部换了一个新领导，正在筹划一个新的项目，有意要把陈小娜调回技术部。本来以为陈小娜会很开心，然而她却表现得异常冷淡：

"我觉得那里的工作不太适合我，我做不来。"

"可你在这里工作真的太屈才了……"

陈小娜摇摇头："我的能力我心里有数，谢谢领导替我费心了，但是技术部的工作我真的胜任不了。"

于是，一个重点院校计算机专业的毕业生最后便在仓储部长期做着录入数据的工作。

临床心理学家苏珊娜和保琳曾花了 5 年的时间，对 150 多名女性来访者进行了观察和记录。外人对这些女性都有着很高的评价，她们大多是女性精英如教授、博士、成绩非常优异的大学生，但最终统计的结果却显示了一个惊人的现象：和陈小娜身上所表现出来的问题极其相似，她们并不认为自己有多优秀和成功，咨询中发现，有些人会认为自己被录取只是侥幸，又或者说考了高分也只不过是运气罢了。不管是哪一种原因，都可以归结于一点，这部分人会把自己的成功更多地归功于外界的因素，而并没有觉得自己有多么优秀。

心理学上的归因理论一般将归因的方式分为两种，第一种是内归因，即认为自己身上的某些特质决定了一件事的成败；第二种是外归因，即认为事情的成败主要受外界环境的影响。正确归因是关键一环，能让人更自信，更能放手去想和做。陈小娜如果能认识到自己的优秀，就不会再惊讶于别人所做的个人设想与规划。

在遇到挫折的时候不能过度地内归因，看到自己的不足固然重

要，但不能过分把错误归到自己身上，也要看到环境给自己带来的影响，从而保持自信。 陈小娜对自己在技术部的时候犯下的错误也一揽子地进行了内归因，认为"我这个人就是不行的"，却忽略了外界可能存在的因素的影响，比如说做的工作确实有一些难度，领导的偏见，等等。她可能受了传统思想的影响，有问题先自省，但过度的自省很容易适得其反，从某种程度上来说并不是一件好事。因为很多时候，你认为轻松的事情并不一定就是你长期希望做，或感兴趣的事情。

错误的归因不仅会影响一个人对自我的评价，还容易导致自我设限，像陈小娜因为犯过几次错误之后，给自己做了内归因，被调到仓储部工作了一段时间，后续即便再有机会被调回技术部，她也不想回去了，因为已经习惯了待在仓储部，仓储部已经演变为陈小娜心里的舒适区，长期待在舒适区会让我们的大脑很轻松。

有这样一则寓言故事：一些人先把跳蚤放到一个玻璃杯中，发现跳蚤很容易就能跳出来，后来他们给这个玻璃杯加了盖，结果可怜的小跳蚤一次次跳起，一次次被撞。最后，跳蚤变聪明了，会根据盖子的高度调整所跳的高度。一个星期之后，人们取下了盖子，发现跳蚤已经没有能力再跳出玻璃杯了。

看起来跳蚤调整了高度，不再碰壁了，但同时它也适应了这样的高度，当没有盖子的时候，也没兴趣再往高处跳了。这种情况不仅适用于动物，也适用于人类。

很多时候我们会因为遭受了一定的挫折和打击而变得麻木，变得越来越适应现有的环境，最后放弃挣扎。虽然每个人都有追求不同生活方式的权利，有的人喜欢折腾，有的人喜欢安稳，每一种方式都没有对错，但是长期的舒适区并不代表没有危险，因为当你从事一份简单的工作的时候也意味着这份工作很容易被取代。

美国认知心理学家提出，其实对于每个个体来说，成长就是一个不断迭代升级的过程，在这个过程中，人们会在舒适区、延展区和恐慌区交替穿行，当我们对可能面临的更高难度的事情说"不"之前，想象一下如果尝试之后成功了会是怎样的一种心情，如果不成功最坏的结果又是怎样的，并把这些想法清晰地呈现在纸上，这样能让我们更好地认识自己，认识自己的内心，因为扩大舒适区最好的方式就是让自己经历恐慌区和进入延展区之后再次回归舒适区，从每一个小确幸开始，不需要给自己太大的压力，一次性把自己逼到恐慌区。改变自己惯常对待事物的模式，尝试小的改变，就是让自己在舒适区待得更久的开始。

人这一生会面临很多机会，而很多时候你比自己想象的要优秀，别在可以选择的时候寻求安逸，也别在可以优秀的时候自我放弃。

跑得快的不一定赢，笑到最后的才是赢家
——鲁尼恩定律

"我的人生一定不会一直这样！"李有成躺在自己的行军床上念叨着这句话，然后沉沉睡去。

李有成今年21岁，生活困顿。

6岁时，他的爸爸去世了，妈妈买了一辆三轮车在夜市卖烤串，每天他放学回到家，做完作业就陪着妈妈出摊。

由于上学期间成绩并不好，初中一毕业，李有成就来到了北京打工。

一个初中毕业、16岁的孩子又能做什么呢？他做过各种包吃住的工作，开始时在工地打工，后来去了一家餐馆做小工，从小一直帮妈妈打下手的他表现得非常熟练，老板很欣赏他，一度李有成以

为自己会成为一个厨子。他盘算着跟着老板学学手艺，将来赚点钱自己回老家开个餐馆，自己的人生不会一直这样。

一场拆迁打破了他人生的第一个梦想，餐馆关门了。由于之前在餐馆送过外卖，李有成又找了一份送外卖的工作。送外卖算是打开了他的眼界，走街串巷让他看到了北京到底有多么的繁华，让他看到了写字楼里有多少白领从事着让人羡慕的工作，他想：什么时候我也能找一个坐在办公室吹着空调的工作就好了。

很快，他找到了一个当保安的工作，坐在监控室也能吹空调，他还是挺知足的。晚上巡逻，看到有一层楼总是有那么几个人经常加班，都是年轻人也和气，所以每次李有成都会和他们闲聊几句。有一天，李有成又巡逻到这儿，其中一个小伙子喊他："保安小哥，你来帮个忙，快点！"李有成赶快走过去，那个小伙子拿着一卷卫生纸火急火燎地说："拜托帮我看下电脑啊！我马上就回来！"说完立刻就向卫生间跑去。

"哎……可是我不懂啊！"李有成喊着。"没事，你就光看着，如果停了你就喊我！"卫生间传来回音。

李有成盯着眼前的屏幕，一串串的字符正在自动冒出来。他紧紧盯着，一刻都不敢移开视线。

这天，李有成认识了去卫生间的小贾，一个程序员，也知道了眼前电脑上的字符叫作代码。李有成从小就对计算机感兴趣，初中开设的计算机课程，他学得都很快，至今还记得那些操作。李有成突然对小贾口中的编程产生了浓厚的兴趣，他觉得那是一件非常神奇的事情，试探性地向小贾询问怎么学习这方面的内容。小贾建议他报班，自学实在是太难了。然而李有成心里有数，自己没时间也交不起学费。他在网上看了很多相关内容，最后选择了几本书买了回来，开始自学编程。

每天他下班之后都要看书，写写画画再去睡觉，宿舍里面有一台电脑，大家可以轮流使用。其他同事都用来上网、打游戏，李有成则把平时看书时遇到的问题记下来，在网上查找答案。几个同事都在嘲笑他："李有成你初中都没毕业还想学这个？"李有成不吭声，每天睡觉前他都会念叨着那句话：我的人生不会一直这样。

李有成这个名字是他爸爸取的，爸爸希望他能有所成就，他也坚信自己一定会事业有成。

李有成在这家公司当了两年保安，自学了编程的基础课程，小贾也已经成了部门领导。他得知李有成自学编程之后非常感动，说服了老板让李有成在公司实习，但只能发最低工资。李有成高兴还来不及，开心地说，不给我发工资我都愿意！他完全沉浸在自己的世界里，成了公司来得最早走得最晚的人。

没多久，李有成就转正了，开始拿本科毕业生刚入职的工资，这在之前是他根本无法想象的。李有成高兴坏了，请小贾吃饭感谢他的帮助，小贾很看好他，说有一天你一定能够达到我的收入水平。李有成笑着说："我能有你一半的收入这辈子就知足了。"

又过了一年，小贾跳槽去了新企业，要带着李有成一起走，对方给李有成开出的月薪是他曾经当保安时一年的收入，李有成通过自己坚持不懈的努力和坚定的信心终于实现了人生的逆袭。

奥地利经济学家鲁尼恩曾提出一条定律，后来以他的名字命名。在他看来，赛跑时不一定快的赢，打架时不一定弱的输，只有真正笑到最后的才称得上赢家。龟兔赛跑的故事大家再熟悉不过了，我们身边不缺兔子，反而是能够坚持到底的乌龟太少了。

故事中的李有成是一个沉得住气的人，他用行动验证了鲁尼恩定律，在通往梦想的路上没有一丝浮躁，最终笑到了最后。在拼搏的过程中，他经常利用积极的心理暗示做自我激励——"我的人生一定不会一直这样"，并在反复强化中得以生根发芽。心理学家巴甫洛夫认为，暗示可以算是人类最简单，也最经典的条件反射，我们一旦在主观上肯定了它的存在，心理上便会趋向靠近它。

从心理学的角度来说，自我暗示分为三个层次，第一个层次也是最为常见的，利用语言文字给自己心理暗示；第二个层次是动作和表情的暗示；第三个层次是环境语言的暗示。李有成很好地运用了第一个层次，即语言文字系统进行暗示。在日常生活中，我们也可以通过语言的力量来进行自我暗示的操练，要注意暗示时在前面加一个"我"字。很多人其实最终不是败给能力，而是败给无数个类似"我不行"的信念。

心理学家告诉我们，一个没有受到激励的人只能把能力发挥到三分之二，而如果不断被激励，包括自我内在的激励，他的能力就能发挥到九成，这就相当于激励前的三四倍，事实证明李有成做到了。

你会发现，李有成一路走来虽然始终不断给自己打气，但是也遭到了来自外界和身边人的压力和嘲讽。在我们追寻梦想的过程中，遭遇各种否定评论的时候，我们应该怎样面对呢？

第一步，要改变看待这些评论的角度，观察周围评价你的人背后的动机和情绪是什么。

第二步，学会分辨哪些真的是自己的问题，哪些其实是评价者自身所带有的偏见和不良心理。通过这两步的练习能帮助我们形成一套相对客观的对自我的判断标准，这也是对一个人场独立性的修炼。美国心理学家威特金提出了"场"的概念，简单地说，场就是周围包括人在内的环境，场独立性强的人心理分化程度也会较高，具备认知变通能力和人格的自主性，所以就更不容易受他人或环境的暗示，像李有成一样，可以成为自己内心的引导者，相信自己是值得被肯定的，值得变得更好的。很多时候，自信从某种程度上来说就是允许自己被他人否定，守住自己的标准，欣赏自己。

其实李有成是很多人的缩影，从原以为自己会成为一名厨子到五年后成为码农界的传奇人物，这是李有成未曾想到的，现实生活中也有很多人在一开始并不知道自己喜欢什么，或想成为怎样的人。这并不可怕，但要勇于尝试，尝试了才可能有机会。一部分人缺乏尝试的勇气，另一部分人会因为他人的评论停滞不前，一方面是由于对未知的害怕，另一方面是由于太在意外界的看法。

很多时候不是每一步都要足够确定才开始，就如当年在居民楼办公的腾讯相比如日中天的 ICQ，创立之初的淘宝相比易趣，堪比蚂蚁撼大象，在当时那种环境来看都是没有百分百的胜算的，但还是开始了尝试。在试错之前，谁都没有足够的把握去判断对错，因为当我们的阅历和见识在短期内无法实现跨越式提高时，考虑时间的长短并没有太过实质性的区别，当我们还不能完全确定某样东西是否适合自己的时候，尝试就是最好的机会、最好的开始。一旦确定自己想要做什么的时候，没有舒适的条件也可以创造条件，充分利用好身边的各种学习资源，这是每个人最宝贵的财富。

第二章

怪诞行为的合理解释

为什么富人越来越富，穷人越来越穷？
——马太效应

A："煤老板"之女，大学毕业之后，家里给她安排了北京某银行的工作，月入 2 万多元，还给她在三环内买了房子，买了一辆保时捷作为代步车。年底分红奖金若干，一年平均收入在 30 万元左右。后来她和单位一个北京本地人结婚了，对方家里有两套房，俩人住一套租两套，每个月房租钱就够吃喝玩乐了，工资一直存着，存折上的数字越来越大。

B：A 的同学，毕业后与 A 一起来到北京。不同于 A 家里安排好了一切，B 只能自己找工作，凭借自己的能力找到了一份月薪 1 万元的工作，其实也是很不错了吧，然而每个月的房租就要 4000 多元，还是合租，就是为了能够离单位近一点。平时省吃俭用，一年下来也就攒个 1 万多元，对她来说，在北京买房，更像是一个遥不可及的梦。

C：技术男，大学的时候参加校园竞赛想出了一个非常好的点子，C 敏锐地觉察到其中的商机，但是经费限制了他的计划，于是他向父亲申请了一笔"研发基金"，和几个同学一起继续进行研发。研发成功的软件卖了 10 万元，C 利用这 10 万元成立了一个工作室，租了一间公寓，迈出了创业第一步。到毕业的时候，C 打算成立公司，工作室的几个人有钱的入股成了股东，没钱的就继续出力。几年之后，C 有了新的目标，他随后卖掉公司，拿着已经比当初投入早就不知翻了几倍的钱，投身一个新兴行业，最后成了家喻户晓的名人。

D：C 的同学，当时第一批跟着他做研发的小伙伴。C 成立工作室时，他就属于没钱只能出力的那种，虽然 C 一直没有亏待他，收入也着实不菲，但是在 C 卖掉公司的时候他由于没有投资入股，所以也没有分到任何钱。没有跟着 C 去新行业的他，虽然凭借自己的经验也找到了一份相对不错的工作，但永远只是一个打工仔。他想起两个人上学的时候经常在一起畅想未来：两个人将来各自开公司，进行互补与相互扶持，拥有天然的合作优势。如今 C 实现了当年的梦想，而对 D 来说却已经成了一个遥远的梦。每当他在媒体上看到 C 意气风发的样子，总是喃喃自语：如果我当时有钱投进去，是不是今天我也能实现自己的梦想？

E：父母经商，在当地生意做得很大。E 从小就接受了优良的教育，每个月学钢琴的费用就是普通家庭一个月的收入，游泳、书法、下棋样样精通，语言也学了好几门，经常跟着父母出国旅游，和当地人能够进行流利对话。在国外留学期间，E将旅游的经历写成游记，配上自己拍的照片发到网上，引起了很多人的关注。有一些媒体联系他，从拍摄视频开始，逐渐拥有了一档属于自己的节目。而由于他精通多种语言，又有着丰富的才艺和知识系统，所以他的节目丰富多彩，收视率和网络订阅量都非常高。他没有继承父母的产业，却也获得了成功的人生。

F：小时候学习舞蹈获得了很多奖，老师说她是难得一见的好苗子，有这种得天独厚的优势，将来一定能够成为专业的舞蹈演员。但是F家境一般，一些在外地的大型比赛因为没有路费都没去参加。父母也并不想让她走专业的路子，因为父母觉得跳舞不能获得稳定收入，不能当作终身职业。虽然F自己非常喜欢跳舞，但是她听懂了父母的意思，家里的条件不允许她任性。所以她放弃了舞蹈，考取了普通的大学，做着一份朝九晚五的工作。

无意中，F遇到了小时候一起跳舞的女孩，那个女孩在专业的舞团当舞蹈演员，业余时间教小朋友跳舞。女孩遗憾地看着F说，当年你可是我们当中跳得最好的，我都能进舞团你就更没问题了，可惜……

F的父母听到女儿的抱怨后也很后悔，不仅因为没能满足女儿的梦想，也因为舞蹈老师的收入非常可观，远比F现在的收入高。他们感慨着，如果当时没有经济上的困难就好了，可以给女儿更多的选择。可 F 心里明白，贫穷并不是最可怕的，可怕的是贫穷限制了人的眼界，让人们无法看到更远的地方。

有一种著名的效应叫马太效应，讲的是：凡是有的，还要加倍给他，让他更多余；而没有的，连他所有的也都要夺过来。

马太效应的名字源于圣经《新约·马太福音》中的一则寓言，大意是有一位国王要出门远行，临行前将自己的 3 个仆人叫了过来，吩咐他们去做生意，并给了每人一锭银子。

国王回来之后，召见了 3 个仆人，问他们生意做得怎样了。第一个仆人用 1 锭银子赚回来 10 锭银子，国王很高兴，奖赏他 10 座城邑。第二个仆人只赚回来 5 锭银子，于是国王奖励他 5 座城邑。第三个仆人报告说："您给我的 1 锭银子，我一直包在手帕里，怕丢失，一直没有拿出来。"国王命令将第三个仆人的 1 锭银子赏给第一个仆人。

马太效应的存在影射了这个世界中存在的真实而又残酷的一面，即贫者越贫，富者越富，赢家通吃。

英国导演迈克尔·艾普特从 1964 年开始拍摄纪录片《人生七年》，耗时几十年，跟拍 14 个来自英国不同阶层的 7 岁孩子，并且每隔 7 年会进行一次回访，观察并记录他们成长的历史轨迹。在所有孩子的故事中，我们确实可以真切地感受到阶层壁垒的存在，但是在梦想面前，贫穷的人就真的无能为力了吗？阶层就真的永远无法打破吗？

其实不然，因为逆袭的故事每天都在上演。尼克出生在一个农场家庭，但是他的父亲并不希望孩子和他一样一辈子只待在农场。从父亲身上，尼克看到了自身更多的可能性，随着不断成长，他也更加清楚自己真正想要的是什么。他很喜欢数学和物理，从14岁接受采访时的一个羞涩得连眼睛都不敢直视镜头的小男孩，成长为自信满满的牛津大学物理系的高才生，最后成了大学教授，成功跨入精英阶层，生活轨迹发生了翻天覆地的变化。从尼克的故事可以看出，最终实现阶级跃迁的不是物质资源的丰富性，而是眼界。

作为父母，虽然有时候真的无法给孩子最好的教育条件和资源，但是应教给他们更好的教育理念，后者更关乎精神教育。尼克的父亲就是一个很好的教育典范，让孩子看到自己的潜能，给孩子足够的信心，让孩子看到机会的存在。那么，即便没有丰厚的物质支持，作为孩子也更应去寻找可触及的资源来实现自己的梦想。

如果父母给不了孩子正确的教育引导，孩子就没有希望成功了吗？还有一项心理因素在发挥作用。曾经有心理学家分别对夏威夷可爱岛的698名儿童和伦敦犯罪率居高不下的贫民窟进行了追踪研究，研究后发现最终摆脱贫穷，变得越来越自信或取得成就的孩子有一个共同点，那就是具备高自尊的人格特质。所谓的高自尊人群指的是相信自己是有价值的，对自身的认同度高，认为自己也是有一定能力的。拥有高自尊的人，也就拥有了更多的心理资本，能很大程度上弥补物质上的匮乏。美国心理学之父、机能主义心理学派创始人威廉·詹姆斯曾提到：自尊 = 成功 / 抱负，换言之，在抱负水平一定的情况下，自尊水平越高，成功的可能性也就越大。

所以，当父母没法给我们很好的精神支持时，我们更应该学会鼓励赞美自己，看到自己的优点，找到自己真正的兴趣点，一旦找到，应通过坚持来获得清晰可见的成就感，因为对于足够热爱的事情一定可以找到坚持的理由。也许我们会比家境优越的人慢一点达到自己想要的结果，但是只要努力，成功就不会缺席。

当然，我们也应该看到物质丰盈的家庭带给孩子的双面性，有很多留学回来的富家子弟，学了自己喜欢或不喜欢的专业，最终还是被父母安排进了一家稳定的公司，做着不太喜欢的工作，看似顺利的人生缺少了一些快乐指数，因为自己喜欢做的和父母能给予的资源不一定是相匹配的。所以，高阶层家庭的孩子也存在部分精神上的割舍。

马太效应提到的"有"其实不单单指物质上的丰盈，同样可以表示一个人精神上的充沛力和丰富度。努力使马太效应滚动起来，每个人都可以通过提升认知，超越自己所在的阶层。

为什么年年涨薪，却一年比一年不开心？
——边际效益

郑千学历高，工作能力强，专业性很强，薪资在同期入职的新人里是最高的，他倒也对得起自己的收入，表现也是同期新人中最优异的，老板非常信任他，便让他接触了核心技术。郑千勤勤恳恳地工作，大大方方地拿着高薪，他认为这没有什么不对。很快，他觉得收入配不上自己的能力了，约谈老板，要求加薪。

老板也是爽快：涨！他起初认为自己满足了郑千的要求，他一定会很感激，从而更加努力地为自己工作。然而他发现郑千总是要求涨薪，一年要找他好几次，他的内心是拒绝的，但是又担心掌握着公司核心技术的郑千跳槽，所以尽管带着情绪和不满，还是给郑千涨了几次工资。

就这样，其他同事一年涨一次工资，幅度在2%—3%，而郑千一年谈判了好几次，涨幅达到了30%。开始的时候郑千涨薪之后各种消费，出国旅游，开心得不得了，随着眼界的提高，他想要的东西也越来越多，于是工作的动力更高了。老板看着郑千积极的状态，心里也算是欣慰的，而郑千为公司创造的价值也是货真价实的，老板和郑千的需求达到了一个微妙的平衡点，所以郑千一路升职加薪。

但是平衡终于被打破了，这是在郑千工作后的第五年，老板突然发现，郑千的工作热情和积极性都不复从前了，即使在刚刚涨薪之后，他依然打不起精神好好工作。老板开始还以为，能用钱解决的问题都不是问题，于是主动又给郑千涨薪一次，然而郑千依然表现得浑浑噩噩，一天能解决的工作他非得拖个两三天，还得三催四催，再不然就是把事情推给同事去做。时间久了，同事对郑千的意见也非常大，认为他拿着最高的工资却连自己分内的工作都不做，每天只是从上班点儿混到下班点儿。

老板意识到这样下去是不行的，现在不仅仅是郑千一个人的问题了，已经影响到了其他同事，动摇了"军心"，自己的队伍还怎么带？于是老板把郑千找来进行了一次长谈，推心置腹的一番谈话之后，老板表示：郑千的工作表现和他的薪资是不匹配的，所以要把工资降下来。

郑千一听可不干了，其实这可以理解，涨薪谁都乐意，降薪却让人很难维持心理平衡。郑千和老板舌战一番，谁也说服不了谁，老板的意思就是：我付出了金钱却看不到应有的回报，而郑千的意思是：不论怎么样你也不能让我越赚越少啊。谈判陷入了一个僵局，直到最后，郑千选择了辞职。

在他提出辞职的瞬间，他清清楚楚地看见老板松了一口气。

对于很多职场人士来说，每月最开心的时候莫过于工资到账的那一秒了，但是在我们身边，也有很多人像郑千一样，从第一次涨薪内心非常欣喜，工作动力也不断增强，到随之而来的第二次、第三次、第 N 次……可能从有点儿激动变为不再激动，工作热情也渐趋消退。接触某事物越多，情感体验达到顶峰后不断趋于淡漠和乏味，这一过程也称为边际效应递减。

我们不妨来想象一下，在职场中随着工作经验的积累，工作也变得更加得心应手，难题越来越少，也就意味着自己的成长空间越来越小，工作本身难以激发自己新的刺激。但是即便在这样的情况下，依旧可以通过合理的方式实现边际效益的递增。打个比方，这个月你搞定了 4 个客户，下个月你搞定了 6 个客户，多搞定的 2 个客户就是边际效益，如果第三个月你搞定了 8 个客户，这就是边际效益递增，而如果第三个月你搞定了 7 个客户，看似多搞定了一个，但这其实就是边际效益递减了，也更容易对工作失去热情。

为了减少职业倦怠的发生，从组织的层面也可以实现激励措施的多元化。美国著名心理学家马斯洛曾在 1943 年所著的《人的动机理论》一书中提出了需求层次理论，即人的需求可以分为五个层次，从低到高分别是生理需求、安全需求、情感需求、尊重需求和自我

实现的需求。涨薪的激励措施就是为了满足员工最大的生理需求，除了涨薪，还可以从其他需求出发，通过工作时间的弹性化来减少加班的压力，提升员工的安全感；不定期开展公司联谊活动和聚会来满足员工的社交需求，从而也使其达到情感上的满足；对工作成绩突出的员工也可以颁发荣誉证书或奖杯，设立优秀员工光荣榜进行表彰，使其尊重需求得到满足；当然自我实现是员工最高层次的需要，给予员工一定的团队授权，有机会让他们发挥创造性。通过不同层次需求的交叉满足，可以让工作的边际效益处于一个不断叠加的过程，员工也常处于一个不断收获喜悦的状态。

作为个体而言，我们可以在其他领域寻找"边际效益递增"，尝试不一样难度的突破。比如，换岗是在工作中很常见的一种现象，通过从一个岗位换到另一个岗位，意味着接触新的工作内容，那么成就感的获得又会进入一个新的阶段，这是一个"打怪升级"的过程。

而当自己对当下的工作变得得心应手的时候，可以开启复利模式，去帮助更多的同事一同成长。就好比你喜欢微笑，你把微笑传递给另外两个人，这两个人再把微笑传递给另外四个人，不断增加，最后你会发现，你用你的力量带动了更多的人和你一起微笑。当同事因为你的帮助或引导变得更自信、更好，让你看到了自己更多的价值时，你的成就感也会倍增。

解不出的小学数学题——酝酿效应

于婷最近有点烦，烦什么呢？儿子的功课。

于婷的儿子今年上小学三年级，于婷感觉辅导他做功课时有些力不从心了，这让她不禁怀疑人生。为什么小学生的题目这么难？要知道自己曾经好歹也是高考数学130多分的学霸啊！没想到如今却在为小学生的数学题犯愁。

前阵子，有一道题就难倒了于婷，题目是这样的：

"三个人进便利店买东西，第一个人买了4包纸巾、1瓶饮料和10个面包，付款16.9元；第二个人买了3包纸巾、1瓶饮料和7个面包，付款12.6元；第三个人买了2包纸巾、2瓶饮料和2个面包，那么他需要付款多少元？"

于婷一下被难住了，不知道应该怎么算，想用手机百度一下又觉得不甘心，自己怎么可能连小学数学题都算不出来？想了半天，突然开了窍，她自言自语道："我用第一个人买的东西和第二个人买的东西相减，就得出 1 包纸巾和 3 个面包需要 4.3 元，那么第二个人如果减少 2 包纸巾和 6 个面包即减少 8.6 元，得出的就是 1 包纸巾、1 瓶饮料和 1 个面包的价格，就是 4 元，那么第三个人购买 2 包纸巾、2 瓶饮料和 2 个面包就需要 8 元。"

于婷豁然开朗，一身轻松。打开手机愉快地刷了起来，正好发现家长群里都在讨论这道题，很多家长也在这道题上犯了愁。于婷立刻把解题思路发到群里，给大家讲解起来。于是，众家长恍然大悟，纷纷夸赞于婷厉害。甚至还有几个家长立刻加了于婷的微信，希望以后能多交流。于婷愉快地通过了对方的好友请求，感觉甚好。

这一天，儿子做功课的时候又深情地呼唤着："妈妈，这道题我不会做！"

于婷立刻停下手上的游戏，接过本子，定睛一看，题目是这样的：

1（只）+1（只）=1（双）

3（天）+4（天）=1（周）

4（？）+9（？）=1（？）

5（月）+7（月）=1（年）

于婷用怀疑的眼神看着儿子："这是数学作业吗？"儿子肯定地点点头。

于婷快速地进行着头脑风暴，周？年？这是不是有什么联系？季度也不对啊？于婷有点要抓狂，手机叮叮当当地响着，她扫了一眼，全都是向她求助的家长。

"于妈妈，这个题目怎么答啊？""于大神，这个题目要怎么做啊？"儿子在一旁不停地嘟囔着："妈妈做出来了吗？怎么做啊？"于婷感觉自己的脑子要炸了，心中越来越烦躁，一股无名火突然在心头窜起。

她放下书，又拿起了手机，打开了游戏界面。

只听队友说："注意，你旁边有人！"

"哪里？"

"1点钟方向！"

"1点钟方向？"于婷突然心头一颤。1点钟！是，就是1点钟！

"儿子，妈妈来了，妈妈会做那道题了！"于婷放下手机，欢欣雀跃地向书房走去。

人的知识结构可分为两类：一类是直觉性的，这种直觉性来源于想象或是灵感的触发；另一类是逻辑性的，来源于对问题本身理性的思考。故事里的母亲一开始会因为无法解答儿子给出的题目而产生焦虑，正是停留在理性思考的层面，而后无意间因为1点钟方向的提示反而豁然开朗，找到了答案，这就是典型的受直觉性的触发。

在现实生活中很多时候我们会因为极力思考一个问题的解决方案却得不到想要的结果而感到焦虑，但是如果暂时将问题放一放，让思维得到片刻的休息，进入直觉体验的过程，那么一段时间之后反而可能得到意想不到的灵感，这就是心理学上所说的"酝酿效应"在发挥着强大的作用。

最典型的例子是找东西，你会发现很多时候你拼命想找到一样东西反而找不到，但是某一天当你不再刻意寻找的时候反而想起了这件东西放在哪个地方，因为当你费力去思考的时候，大脑很容易罢工。

明白了这一点后，我们应该如何更好地利用酝酿效应，让大脑更灵活地运转呢?

首先，要缓解紧张的情绪，给大脑休息的空间，因为这个时候更容易启动直觉性的思维模式，并且把无法解决问题引发的负面心理转化为"我又得到了一个解决新问题的机会，我很开心，只是我需要一些时间而已"的积极情绪状态，也就把死磕问题本身变成了解决问题，成了一种自我激励。如此一来，大脑也更容易开启灵活的思考模式，缓解了对解决问题本身的焦虑，而积极的情绪状态有利于发挥更大的创造性。

其次，改变关注点，从相关联的事物中寻找灵感。进入酝酿期可以更好地打破思维定式，避免钻牛角尖，并从关注如何解决问题本身回归到对该问题收集到的现有信息或线索进行提炼、整合，从中发现新的规律。心理学家认为这其实是一个无意识的加工过程。

　　元素周期表的发现可谓 19 世纪自然科学领域重要的成就之一了，但是却和意外的梦境有关。当时化学家门捷列夫耗费了巨大精力来研究元素之间的规律却陷入停滞，直到有一次在睡梦中他看到一张化学元素表，惊醒后立刻做了排列，最终才发现了元素周期律，这就是酝酿效应带来的魅力。

　　不过，我们也要注意，酝酿的过程不是让我们什么也不做只凭空想象，等待奇迹的发生，这是一种错误的观念。酝酿效应在一定的知识经验储备下才会起作用。

为什么坐电梯时最累的是颈椎？——安全距离

　　一座 33 层的高层住宅楼，每层有六户，日常有三部电梯供业主使用。然而这一天，业主小蔡出门上班的时候发现，其中两部电梯都在维修。

　　住在顶层的小蔡有点慌，不敢相信自己的眼睛，不过还是本能地赶紧按下了按钮。

　　经过焦急的等待，电梯终于到了，小蔡走了进去，她的内心戏开始上演了，就像一部精彩的短剧。

　　小蔡开始祈祷，希望电梯一路到底，不要上来人，她心想，行行好，就让我一个人安静地坐到底好了。然而，她很清楚，既然选择住在顶层，这样的"梦想"除了零点以后，不太可能实现了。

　　"电梯停了，拜托啊上来一个人就好，千万别呼啦一下上来好几个。""还好还好，就一个人。我往角落站一下好了，多了一个人，感觉电梯里的空气怎么好像都不太够用了。"

"唉，又停了，又上来一个！站位还是有点诡异的，我站在最后面，他俩站在电梯门两边的角落，一边一个，像两个门神。坏了，右门神歪头了，我赶紧盯着天花板吧！"

"怎么又停了？才下三层电梯里就五个人了。唉，我还是继续看天花板吧……"

"怎么还没到，我脖子都累得不行了，要不看看手机？电梯里还没有信号，连个网都上不去……"

"旁边那哥们儿在看什么？小说？真是好心计，我以后也得预备上。这么多人感觉好不自在，这个破电梯运行得也太慢了吧……"

小蔡心绪烦乱，焦躁地看着电梯里越来越多的人，时而看着天花板上的小飞虫，时而看看没有任何信号的手机，翻两下照片，又觉得旁边人在偷瞄，赶紧关上。她手足无措，连呼吸都不再顺畅，额头微微冒着汗。

"叮"一声再次响起的时候，一楼总算是到了，人们一窝蜂地涌出电梯，要下到 -2 层的小蔡长出了一口气。终于，又只有自己了。

啊，空气再次新鲜起来了，真好！小蔡贪婪地深吸了一口气，露出一个幸福的微笑，随即按下了关门的按钮，这时，突然伸出一只手挡住了即将关闭的电梯门。

"啊，等一下，等一下，"一个胖胖的阿姨出现在电梯门口，冲小蔡笑着，"小姑娘，电梯是下的吗？"小蔡点了点头。

阿姨得到肯定的答复，回过头，中气十足地喊："你们快一点！"瞬间八九个阿姨一起涌进了电梯里面。电梯满了，小蔡拘谨无措地站在角落，抬起头继续看着天花板。

故事中的这一幕相信很多人都曾经历过，当电梯内过度拥挤的时候，一部分人会选择埋头看手机，也有一部分人会盯着电梯的数字看，而当某个人进入电梯的时候，也会下意识地让位保持一定的距离。

心理学家曾做过一个选位实验，和电梯现象相似。如果你参加一个会议，但是与会人员彼此并不熟悉，当你发现你的那排6号座位和10号座位都已经有人就座之后，你会选择几号？实验发现，大部分人都会先选择8号座位。而下一个进来的人有很大可能会选择3号或4号座位。因为在人与人的社会交往过程中，有一个安全距离的概念，是说人们都想保留一份属于自己的个人空间，无论是物理空间还是心理空间，特别是处在陌生的环境时。

我们可以看到在这个选位实验中，人们选的位置都是一个对于自己来说相对安全的位置，既不会离陌生人太近，也不会离得太远。这是人们潜意识中自行做出的行为选择，如果个人空间受到侵犯，就会引发一定程度的焦虑和不适，甚至是戒备。

所以，在社交关系中，每个人都需要学会尊重他人的安全心理边界，美国著名的人类学家爱德华·霍尔博士根据关系的亲疏程度，把人与人之间的距离划分为：公众距离（3.7—7.6米）、社交距离（1.2—2.1 米）、个人距离（46—76 厘米）、亲密距离（15—44 厘米）。依照这个标准，在日常的人际关系中，我们根据对对方的观察，从对方的情感舒适区和安全距离来分析，可以更准确地判断其性格、目前可以接受的亲密度，以及与其相处时需要规避的禁区。

譬如和客户在咖啡厅约谈，你先入座等待，看对方到达后选择以怎样的角度入座，是选择与你相邻、相隔还是相对的位置入座，依此可以判断对方心里所需要的安全距离有多远，有了初步的判断，你就知道接下来与对方的沟通和交流应该以怎样的尺度开展了，而盲目地打破对方的安全距离容易引发对方的戒备心理。

当然，在沟通交流的过程中，在对方的安全距离范围内，我们也可以做一些试探性的行为来测试对方当下是否愿意接受拉近距离。如果对方和你是相对而坐，为了和对方探讨合同细节，你可以将自己的椅子稍向对方的方向挪一挪，如果对方反应积极，说明当下对方是可以接受安全距离进一步拉近的，如果对方反应消极，说明当下不适合进一步建立深入的沟通关系。

我们经常听到这样的评价，和这个人在一起很舒服，这种舒服的感觉就是心理安全距离的体现，因为特别是在陌生的环境下，当有人无意识地靠近你的时候，很多人内心其实是有厌恶感的，令人舒服的人能更好地找到彼此之间最合适的安全距离。比如，在地铁里靠边坐比坐在两个人之间更能减少与一个人的肢体接触，让自己和他人都感到更加安心和自在。美国心理学家马斯洛指出，安全需要是人类的基本需要，在满足他人安全距离的基础上，也需要明确自己内心的安全距离，这样才能营造最舒适的感觉。

提升自己的感受力，是避免侵犯他人"私人空间"的关键。保持恰到好处的心理安全距离，是人际交往中最好的保护膜。

第一名不一定赢——三分之一效应

你爱喝奶茶吗？现在奶茶店在大街小巷随处可见，今天这个故事就和奶茶店有关。

有一条商业步行街，总长不过200多米，从街头到街尾却开了10多家奶茶店，密度如此之大，竞争可以说是非常激烈了。更不幸的是，这条步行街人流量也不大，一直处于"半死不活"的状态。

在这种状况下，众多奶茶店的老板苦于没有生意，纷纷走出店外，走上街头，发放优惠券招徕顾客。大家揽客的思路也各不相同，有的跑到步行街门口，有的则埋伏在街尾。跑到门口的人是这样想的：要让来到这里的客人第一时间知道我的店，给他们一个先入为主的印象。在街尾的人是这样想的：等客人一路逛下来看到这么多奶茶店，自然就会想喝，这时候我适时地递上宣传页……美啊美！

这一天，大家才刚刚开店，站在各家门口的时候，远远看到两个姑娘慢慢地走了过来。第一家奶茶店的老板心里想着："只要这两个人想买奶茶，就一定会先买我的，因为我是第一家店，她们买了就可以边喝边聊了。"正想着，两个姑娘已经走了过去。

第二家店的老板窃笑着："谁会买第一家店的东西啊，真是没经验，第一家店永远是布景板，第二家店才是最佳位置！"他刚挂上一个招牌笑容，张开嘴准备招呼，两个姑娘已经低语着走了过去。

第三家店的老板心里乐得不行："想什么呢，前两家都是炮灰，什么叫货比三家不懂吗？至少也得看三家店才会买啊，她们一定会来我的店！"两个姑娘走到他家店门口，果然停下了脚步，但只朝里面看了看，就继续往前走了。

这时整条街的老板都在门口站着，好奇地盯着这两个姑娘，看看她俩究竟会去哪一家。他们甚至一反往日彼此敌视的竞争关系，主动开始讨论起来。

"哥们儿，我看没准儿会来咱们这边买吧……"

"搞不好这两个人会去最后一家，你看她俩一直犹豫不定的样子，很可能是打算看完整条街的店。"

"那逛到最后没有喜欢的也许还会折回来重新看呢？"

"你们都没说到点子上。"突然一个声音响起来，众人看过去，是一个年轻的店主，戴着眼镜，看上去斯斯文文的样子。"她们两个绝对不会走到最后一家店的，你们看吧，到距离街尾1/3处的那家店，就是她们决定消费的地方。"他十分有信心地说。

"你怎么这么肯定？难道你认识她们？"众老板表示疑惑。

"这里面有一种很微妙的心理，一般人们不会光顾最先看到的店，因为他们会觉得后面还有更好的，然而也不会全都看完再做选择，因为一旦发现后面已经没有选择余地的时候，人们会产生一种后悔的心理，觉得之前看过的才是最好的。像咱们这种一眼就能看到头的街，一般会选择距街尾1/3处的店面。"

结果居然一下子被斯文的小伙子说中了，两个姑娘真的选择了距离街尾大概1/3处的一个店铺进去了。

"神了！你真的说对了！这也太厉害了吧！"众人惊诧不已。

"这没什么，心理学现象而已，我也是开店之后才学到的，可惜学得太晚了……"小伙子自嘲地笑了笑。

"算了算了，大不了等房租到期咱们也换个距街尾1/3处的店面吧……"众人逐渐散去。

但是他们不知道的是，两位姑娘进了距街尾1/3处的店面说了一句话："老板，租个充电宝！"

故事中的场景在我们的生活中再熟悉不过了，我们总会面临各种选择，两者择一难度不大，但一旦到了多者择一的情况，我们就很容易出现心理偏差，会更倾向于选择靠后的，但又并非最后一个，这种心理偏差在心理学上被称为三分之一效应。

其实这一效应背后反映的是人们的损失厌恶心理，有一个更贴近的词汇"FOBO"可以形容这一现象，FOBO 是 Fear of Better

Options（害怕有更好的选择）的缩写，即人们之所以不选择第一个，是因为害怕后面会有更好的选择，选择越多，可能性就越大，人就越有想要再多看一看的心理，但其实这是一个悖论。

基于人们容易受三分之一效应的影响，我们不妨试想一下如下场景：

有六家奶茶店 ABCDEF，其中 DE 是口碑最好的两家，BC 次之，A 和 F 口碑最不好，但是买奶茶的人事先是未被告知的，第一种店铺排列：ABCDEF；第二种店铺排列：BDEFAC。很显然如果店铺按第一种方式排列，那么买奶茶的人更有可能买到最好的奶茶，但是如果店铺按第二种方式排列，而此时依然遵循三分之一效应，那很可能走进口碑最不好的一家奶茶店。所以我们会发现，三分之一效应并不是每次都会对我们的决策起到积极的作用，相反在某些情况下还会让我们错失最好的那一个。

所以，要想做出更精准的决策，打破三分之一效应的思维桎梏，我们可以使用关键决策模型来帮助我们挑到最好的那个。我们还是以选择一家奶茶店为例（前提是我们并不知道哪家奶茶店的味道是最好的）。

1. 当下的困惑：这些奶茶店的老板都在宣传他们家的奶茶很好喝	2. 想要的结果：找到一家适合闲聊的、有自己想喝的口味的奶茶店	3. 影响因素：1）店铺的卫生环境 2）奶茶的价格 3）奶茶的种类	6. 做出决策：最终看哪家奶茶店满足的条件最多（按优先级排序），就选择去哪家
	4. 权重计算：对以上各大影响因素进行打分，计算因素占比	5. 对比冲突：基于影响因素的打分情况，对各家店铺进行一个整体的评估	
注意：避免受从众效应（拥挤度 / 排队人数）的干扰			

我们可以看到，通过以上模型的梳理，做出的决策是理性的，而非受情绪的驱使抑或受三分之一效应的影响，模型搭建的过程中最重要的一环是明确最终想要达成的结果是什么，如果出现多个目标冲突，则选择最想达成的目标。

放下对第一个和最后一个的抗拒，放下对下一个更好的执念，三分之一效应下做出的选择是一种颇具风险的行为，如果想要做出对自己来说最优的选择，就从多思考开始。

为什么关键时刻"掉链子"的总是你？
——詹森效应

温小柔是一个女团预备生，就是大家所熟知的练习生。

她从小学舞蹈，4 岁就开始每天下腰劈叉，吃了不知道多少苦头。别的小朋友的童年都是蹦蹦跳跳玩玩闹闹，她的童年也是蹦蹦跳跳，但都是在练习跳舞。她确实争气，很快考进了专业院校。

14 岁那年，韩国超级娱乐公司公开选拔练习生，几个同学撺掇着一起去，温小柔也去了。海选多难啊，不光要看你的舞蹈功底，还要看你唱得好不好，此外如果长相不过关，其他再好都没用。

温小柔就是各方面都过关的幸运儿，她被录取了。家人也没有阻拦，温小柔顺利签约去了韩国。

大家都知道练习生竞争非常激烈，刚进公司的时候都是从 D 班开始训练，然后一层一层地晋升，到了 A 班才有出道的可能性。温小柔在 D 班无疑是非常突出的，她不仅舞蹈功底深厚，唱歌的先天条件不错，外形条件也好，老师很喜欢她，一直把她作为班里的优秀学员给其他人树榜样。

温小柔没有因为老师的偏爱放松对自己的要求，相反，她被很好地激励了，她相信自己是有实力站上舞台被人看到的，于是她加倍努力。每天她都是来得最早，走得最晚的，在外国人里面韩语进步也是最快的，升班速度也比其他同期生都要快，来公司不到一年的时间，她就已经升到了 B 班。

B 班已经是平均水平之上的了，大家都非常有实力，竞争也越发激烈起来。小柔慢慢开始感到了压力，大家无论比拼外貌还是实力都没有人逊色，自己要怎么做才能从 B 班脱颖而出？她深深担忧着。

到了升班考的时候了，头一天小柔紧张得一夜没睡着，第二天上场前腿都在抖。果不其然，她跳砸了，中间少跳了一段，撞到了旁边的女生。考不过就意味着自己还要在 B 班继续上半年。半年意味着什么？她有点不敢想。

老师找她谈话，说她过于紧张，如果按她的实力，正常发挥是不会有问题的，她咬着嘴唇说不出话，老师看看她的样子，也没再说什么。

时间很快就过去了，半年后又到了升班考试的时候，这次她准备了好久，舞跳得滚瓜烂熟，已经到了就算是神游也不会再出错的程度。然而到了考试前夕，她感冒了。

考察唱功的部分全都砸了，声音沙哑不说，本来应该显示唱功的几个高音根本上不去，她心如死灰，觉得自己这次又完蛋了。

结果她的老师向其他评委说明了她感冒的状况，并且播放了她平时练习的视频，她虽然发挥失常但还是成功晋级，通过了 A 班的考试。

到了 A 班就真的是以命搏命了，每个人都有出道的实力，都有着非常娴熟不青涩的舞台表现力。小柔越来越沉默，失眠时间越来越长，头发经常一把一把地掉。A 班的老师经常给她做心理辅导，让她适当放松。

A 班除了有出道的机会，其他艺人拍 MV 的时候，如果需要搭档，有时候也会来 A 班选人。有一次，一个男歌手需要一个能独舞的女孩，选了三个女孩出来，其中就有小柔。

男歌手放了一段音乐，让她们自由发挥跳一段舞。小柔紧张得要命，脑子嗡嗡作响，根本听不清音乐，结果她的舞没有卡上节奏，男歌手选中了另外一个女孩。

"她平时跳得根本不如我啊……"小柔心里想着，但是能怪谁呢？自己确实没发挥好。然而每次都发挥不好，小柔也意识到了自己的心理状态有问题。

就在这时，传来了公司要出一个新女团的策划，到了选拔的日子，她起了个大早，准确地说根本就没睡着。结果跟之前一样，选拔结束的时候她就明白了，一切都结束了。她心如死灰地等待着结果，其实也没什么可等的，她知道自己一定通过不了。

自己连平时的一半实力都没发挥出来，她在舞台上僵硬得像个尸体。

她们队里选上了四个人，唯独没有她。

所有教过她的老师都觉得不可思议，温小柔可以说是这一届练习生里最优秀的，但是不知道为什么，每次到了关键时刻就发挥失常。

女团正式出道那天，温小柔在台下看着她们在舞台上绽放光芒的样子，突然就释然了。自己就算是真的站上舞台，也不可能像她们一样自在地表演。

"有些人天生就是做艺人的料，而自己不是，我想我该回家了。"

在台下表现良好，一上台就紧张到不行；

一做练习题都会，但一到考场脑子就一片空白；

一回到练习场把把都过，一到考场就犯规；

……

小柔的例子在生活中其实很常见，一些人很优秀也很努力，但是一到关键时刻就发挥失常，而那些平常没有那么努力的人却能取得成功。种种迹象表明，这些人不是不够努力，而是忽略了心理素质的训练。因为我们很容易忽略一点，能和自己站在同一个赛道上的人实力往往不相上下，成败有时取决于心理状态。

一位研究者带被试到一间黑暗的屋子里，第一次在他的带领下，所有人都穿过了这间屋子，随后研究者打开了房间里的一盏灯，被试发现房间内有一个池子，里面有毒蛇，而他们刚刚通过的正是池子上方的一座小窄桥。

当研究者问被试是否愿意再次通过这座桥时，没有一个人愿意。后来有被试想试一试，但是速度远没有第一次那么快。之后，研究者又把房间里所有的灯都打开了，被试才发现蛇和桥之间其实是有一道安全网的，但是依然没有人愿意过这座桥，因为有部分被试对安全网是存在质疑的，所谓的安全网是否真的足够安全？

最后研究者告诉被试，其实这座桥并没有你们想象的那么难通过，当你们不知道有蛇的时候很快就通过了，但是看到蛇后，即便有安全网，你们内心也充满了恐惧。这就是心态的问题，如果过不了心里那一关，很难完成这项并不难的任务。

由于缺乏必要的心理素质而导致无法完成某项任务、比赛，或发挥失利的现象被称为詹森效应，这一效应最早起源于一名叫詹森的运动员，他因为过度紧张导致比赛失败。在 2008 年北京奥运会上，诸多运动员身上就上演了詹森效应，而击破对手的心理防线是对运动员极高的褒奖，其他领域亦如此。

正常发挥或超常发挥的人一定不紧张吗？其实不然，心理素质极高的人并不是一定不会紧张和害怕。他们也紧张，也害怕，但和心理素质差的人相比，他们能控制紧张、恐惧等负面情绪的蔓延。热播电影《误杀》中扮演父亲的李维杰将过硬的心理素质表现得淋漓尽致，当妻子和女儿误杀警察局长的儿子，全家不得不接受警察的拷问时，他内心是充满恐惧的，但是仍然表现得异常冷静。其中有一个情节是女儿问他："爸爸，警察会找到我们吗？"李维杰并没有答话，而是露出一丝微笑，快速地咽下一口饭。

所以，当心理产生"应该怎么办？""我好紧张""我好害怕，万一我输了怎么办？"等念头时，应该想：我害怕，但我会接纳这份害怕；我紧张，但我不会表现出紧张。心理素质高的人容易自控，从而在情绪状态上先战胜对方，这就是心理素质高的人的行为模式。

当然，过分苛求也会给自己造成强大的心理压力，所以需要摆脱第一名效应。现实生活中，第一名的确会获得更多的殊荣和关注，但这并不代表只有第一名才有机会，也并不只有第一名才能获得认可，不允许自己失败就无法更好地发挥才能。

如果真的对自己没有把握，我们还可以尝试挑选相应的"正式场景"，以不断"消耗紧张的情绪"。通过对真实场景的还原，在正式场景的模拟中记录每一次自己紧张等负面情绪出现的节点，并做有针对性的强化训练，可以实现对情绪的掌控，摆脱大脑固有的习惯性反应。

所有的比拼最后都是心理素质的较量，想要赢得一切，先要过了心理这道坎儿。

第三章

每一分钟都有一个笨蛋诞生

你怎么说得那么准——巴纳姆效应

你相信算命的人吗？是不是有时并不是那么相信，但是当对方能准确地说出你的性格、故事之后，你便深信不疑了呢？

在一个小镇上有一个非常有名的算命先生，人称"刘半仙"。"刘半仙"声名远播，有很多人专程坐车来找他。刘半仙所在的村子没有修路，汽车是开不进来的，所以包括很多有钱人在内，都得踩着泥泞的山路步行过来，美其名曰："心诚则灵。"

在刘半仙的从业生涯中，也不是没人质疑过他，但是刘半仙每次都能让怀疑他的人心服口服。是刘半仙真的会算吗？当然不是！刘半仙用了一种笼统模糊的"套路"形容来算命的人，这种放之四海皆准的套路话在大多数人身上都是适合的。比如，你有时外向，热情又有亲和力；有时内向，谨慎又安静……试问，谁不是这样？

刘半仙是个非常聪明的人，他不仅懂得笼统地去描述客人，还懂得如何从侧面了解客人。因为刘半仙业务繁忙，所以找他算命是需要预约的，他也与时俱进，雇了一个"助理"，负责给预约的客人登记填表，填写个人简单的基本情况和需要测算的内容。这个过程中助理会不停地和来者聊天，观察客人的表情语气，从中便可以掌握客人的一些心理状态。晚上助理会把这些信息都汇总给刘半仙，刘半仙会把这些人的信息输入电脑，在网上搜索相关信息。他可以说是开创性地将网络和算命结合起来，有时不仅能搜出该人的职业，甚至还可以找到对方的社交信息，那么了解这个人就是分分钟的事。

假如是在网上搜索不到相关信息的人，也无须担心。刘半仙会提前把客户约过来，让他们在等待的时间里做一些简单的心理测试题，名义上是打发时间，暗地里也是在收集个人信息。心理测试能够展现人的性格特征，再配合上一些模糊笼统的描述，自然能让人信服。

当然，也有一些难缠或者说不按套路出牌的客户，他们在测算过程中会提出一些刘半仙掌控之外的问题，那么刘半仙会掐算一番后，很不悦地说一句："有些事情说透了对你是不好的，有些东西是你必须去经历而不能回避的。"

算命和星座一样，一度受到一部分人的追捧，而且很多人在请教过算命先生后会如故事中的客户一样，认为算命先生说得"很准"。而这些算命先生正是抓住了这部分人容易受暗示的心理。特别是在情绪低落的时候，人的心理依赖性会增强，也就更容易受到暗示。

然而，他们并不知道，算命先生给出的很多描述其实是非常笼统的，适用于大部分人，心理学上将这一现象称为巴纳姆效应。

著名杂技师肖曼·巴纳姆曾这样评价自己的表演，自己之所以受欢迎是因为他表演的节目中包含了每个人都喜欢的成分，所以会有"每一分钟都有人上当"的效果。心理学家伯特伦·福勒也曾做过类似的实验，他让39个学生做了一项心理测试，给每个人一份性格测试题目，并依照他们的回答输出性格报告。一周之后福勒将测试结果反馈给学生们，要求他们根据结果评价性格的准确度，但事实上福勒反馈给学生们的结果是从占星书上摘录而来的，每个人拿到的结果其实都是一样的。大部分学生在拿到结果后都认为测试很准确。

暗示某种程度上来说是潜移默化的，我们很容易把算命后的结果当成安慰剂。有一个很喜欢并且相信算命的朋友，每次算完他都会跑来和笔者说，即便算命先生说的不一定是真的，但是至少可以在当下给他一丝心理安慰，让他觉得有那么一丝开心。相信很多人也有过类似的心情，但很多时候我们应该意识到这份踏实只不过是短暂的幻觉。

心理暗示原本是中性的，但过于相信感觉或过于感性，很容易让我们在后期陷入负面的情绪中，所以正确地认识自己是避免过度受暗示影响的关键。充分了解自己的性格特点，了解自己的优势和劣势，你会发现很多时候不是算命先生说得准，而是你本身的性格正好与描述有类似的部分。

科学理性地遵从自己的内心，做出正确的决策。依赖于算命之类的神秘力量是我们不够自信的表现，更是一部分人在遇到困难无法决策的时候寻找的心理捷径。我们需要培养直面困难的勇气，如果内心不坚定，就很容易通过算命先生、星座等来逃避，因为这些外在的东西给我们的指引简明扼要，这也是思维懒惰的体现，看似帮助我们免去了纠结，但并不一定是我们内心真实的想法和声音。

设想一下如果算命先生告诉你应该这么去做，你照做了，如果结果是好的，你多半会认为他说得很准，但一旦没有得到想要的结果，心理落差就开始出现了。这种先认定结果一定是好的再去行动的做法是本末倒置的，也不利于抗逆力的培养，一旦失败会带来更大的心理创伤。所以要根据自己所遇到的问题做一个难度评估，并且做好遭遇挫折的心理准备，将自己的心理预期控制在一个合理的范围内再行动。如果最后的结果是好的，反而更容易提升我们的心理能量水平。

形成对自己的价值评价系统，而不是让算命等一系列外在的"力量"对自己形成预设。美国心理学家赫尔曼·威特金曾提出过场独立型人和场依存型人的概念，场独立型的人简单来说就是不容易受到他人暗示，自信，并且具备较强的独立思考能力的一类人；而场依存型的人容易受到他人态度和观点的影响，容易被暗示。

相信"神秘力量"的人大多是场依存型的人。很多时候我们在一些问题上难以有自己的想法或难以做决断，是因为我们缺乏必要的知识和经验去做出足够正确的判断，所以提升自己的认知，增强自己对问题的理解能力和经历很重要。懂得越多，被别人影响的程度也就越小，也就越相信自己可以有能力做出正确的选择。

尝试努力摆脱这股"神秘力量"，做一个场独立型的人，时刻保持一份清醒和判断力。

打折你不买, 涨价你来抢——凡勃伦效应

牛哥是个手艺人, 在天山景区开了一家手工艺品店, 专营自己做的鼻烟壶。游客倒是真不少, 来来往往路过牛哥的小店也都会进来看看, 就是看的多买的少。

为了招揽生意, 吸引游客, 牛哥本着薄利多销的原则打出了5折优惠的宣传。然而让牛哥没想到的是, 旺季游客是多了不少, 成交量却没上去, 比淡季好不了多少。牛哥守着自己的鼻烟壶开始怀疑人生: 我的手艺这么差吗? 标价这么厚道的鼻烟壶还是没人买? 牛哥无奈之下又加了个卖水的摊子补贴一下亏空。

晓倩是个爱旅游并喜欢收集当地纪念品的"驴友", 此次专程来天山玩。这天她在景区玩了很久, 又累又渴, 恰好发现了牛哥的店。

"老板，来瓶水！"牛哥把水递给晓倩后，又将她引向鼻烟壶柜台："你看这些鼻烟壶，都是我亲手做的，现在正在打折促销，价格很合适，可以带一个留作纪念。"

"打折促销的商品，老板还这么好说话，应该是质量有问题吧，再说这么低的折扣肯定不是手工的，还是不能买这么廉价的东西，买回去也没有面儿。"这么想着，晓倩冲牛哥笑了笑，没有买鼻烟壶就走了。

牛哥刚提起来的心又落了下去，"唉"，他重重地叹了口气。

"老板，买瓶水。"又来了一个客人，牛哥垂头丧气地去迎客。这人买了水，打开喝了一口，打量起牛哥的店。客人看到货架上的鼻烟壶，赞叹起来："这都是艺术品啊！"

"这都是我亲手设计、制作的！"说起作品，牛哥倒是十分自信。

"哎呀那更难得了！"客人连连赞叹，不停地说着太美了，当客人看到标签的价格之后却十分惊讶："这价格……"

"不不，标签的价格可以打五折，然后你如果诚心要，我还能再给你便宜！"牛哥十分想留住这位有眼光的客人。

"不不，我的意思是你定价有点低啊，你这可是原创作品，纯手工打造，完全可以标一个更高的价格啊！"

牛哥一听，愣住了："我把价格已经定得这么低了，都没人买，我把价格提上去，不是更没人买？"

客人听完之后笑了："你按照我说的做，现在就涨价，而且幅度要大，你把陈列也变动一下，之前放一排的商品，现在每款单独摆放，每一个都用射灯照着，假如这样还卖不出去，赔了算我的。"

牛哥看客人说得这么坚决，打算按他说的试一试。牛哥留了客人的电话，并且送给他一个鼻烟壶，说就当交个朋友。

第二天手脚麻利的牛哥就把小店布置完毕，灯光璀璨的货架上摆着泛着光芒的鼻烟壶，客人远远看见就被吸引了过来。从隔壁酒店里出来溜达的晓倩心里正奇怪：这家店昨天还没多少人光顾，今天怎么人都排到门外了？好奇的她也进到店里，结果发现陈列在白色羊毛毯上泛着微光的鼻烟壶甚是精美，突然一阵心动。晓倩一看标价：2000 元？这么贵！原来鼻烟壶这么值钱呢？看来昨天老板是大出血，250 元我都没买，唉，我真不识货，后悔死了，但是真的好喜欢，怎么办……

最后晓倩还是忍痛买了一个鼻烟壶，心里一直嘀咕以后看事物不能这么肤浅了。

结束了一天的生意，牛哥激动地拨通那位客人的电话，高兴地说："哥们儿，我都卖出去了，我的鼻烟壶都卖断货了！"电话那头的客人也很高兴。

虽然在生活中，一般越贵的东西，购买的人也会相对越少，但美国经济学家托斯丹·凡勃伦曾提到过：商品价格定得越高，其实某种程度上越畅销，因为人们最终的目的还是希望买到更优质的东西，这种现象被称为凡勃伦效应。因为人们更愿意去购买体验更好又能体现自己身份标签的商品，所以能够深层次地满足人的心理需求的商品就有更好的销量。同样地，人也需要懂得包装自己，让自己的隐形价值变得可感知。

一个人的价值分为软价值和硬价值，而硬价值是软价值的基础，也是给他人的第一印象，当一个人看到你的时候就会对你做出一个评估，把你放在一个位置。杨澜曾说过，没有人有义务透过你邋遢的外表去了解你的内心。

未来的社会也是一个竞争审美的社会，你不需要过多地通过穿名牌来标榜自己，这样的自己确实很"贵"，也会容易让人有距离感，但一定要有几件让自己穿得出去的体面的衣服，要更多地关注自己的精神面貌，着装得体，这样对方才能更好地信任你，而不能靠一时的廉价取胜。

克里斯·萨卡是一位知名投资人，他曾经成功投资过推特等企业。在一次演讲途中，他经过机场时买了一件牛仔的刺绣衬衫并穿着它上台演讲，令他意外的是演讲结束后引起了观众的强烈反响，为此他又买了很多同款的衬衫。从那以后，在投资圈里，克里斯的这件衬衫和乔布斯的套头衫一样成了他的个人"品牌"，这也是其体现个人价值的一部分。

硬价值是我们的敲门砖，但一件东西或一个人的价值单纯依靠本身所呈现的东西是远远不够的，还需要明确内在对自己的定位是什么，让自己给他人呈现的定位高一些，利用好这个效应，能让我们更顺风顺水。

吉尔是美国的一名刑侦画像家，有一次他被邀请去做一个非常有意义的实验，为 7 位年龄和社会背景都不尽相同的女性画像，而这些女性和吉尔是隔着一道帘幕的，吉尔仅根据她们的描述来为她们画像。此外，吉尔还会根据当天和这些女性有一面之缘的陌生人的描述来给这些女性画另一幅画像。最后，这些女性被邀请回来看这两幅画像，一幅是她们描述的自己，另一幅是别人描述的自己。很显然，别人的描述要好于她们对自己的评价，后来这也成了一部治愈系的广告片 "You are more beautiful than you think"（你比自己想象的美）。

通过这个实验其实不难发现，很多人对自我的评价是过低的，没法儿很好地喜欢和欣赏自己。过分拘泥于自己的缺陷，却忽略了把目光聚焦在原本别人就喜欢自己的地方，无法更好地发挥自己的长处，而这部分就是自己的软价值。不能看低自己，先重视自己，看到自己的优势和价值所在，给自己列一个价值清单。

这是一个内容为王的时代，好马需要配好鞍，为了让自己"卖个好价钱"，不仅要有硬性价值和软性价值作为基础，还需要懂得"叫卖"的技巧，学会营销自己，确立自己的核心价值展示点。

别人目前对自己的印象如何？

我能给别人带来什么？

有了这两步的自我发问，可以帮助我们明确方向，这也是人的稀缺价值所在。一个人的辨识度越高，价值越可观，正如凡勃伦所说的：如果你自己都不要更高的价值，谁都不愿意给你更高的价值。

不讲理者总有理——定式效应

不讲理的人永远都有他们的逻辑，而且都是一些匪夷所思的"神逻辑"，接下来我就罗列一些这些年听过的"神逻辑"：

1. "报告老师，小 A 打我！"

"是不是你先惹人家了？"

"没有，我根本没惹他，他就突然过来打我！"

"你没惹人家，人家为什么打你？"

"他为什么打我，老师你好像应该去问他吧……"

"好，就算你没招惹他，那班里这么多人怎么就打你了？你要从自己身上找找原因！"

……

犀利点评：这位老师很明显已经形成了"小 A 欠揍"的心理

定式。

2. "哎呀，你又买新化妆品了？包包也是新买的？"

"是啊，免税店很便宜的。对了，这是你让我帮你买的化妆品，这是小票，上面有价格，零头我就不要了。"

"天哪，要 600 多元，这么贵啊？"

"这个比专柜便宜 300 多元，很划算了。"

"你看，你又买新包又买新化妆品的，你这么有钱要不然这套化妆品就当你送我的好了，别收我钱了！"

"我……那不行，这是两码事，要不我送盒面膜给你吧！"

"哎呀你太小气了，这个化妆品我不要了！"

"你不要了？我已经买回来了你才说不要？我又不能飞回去退了！"

……

犀利点评：生活中总有一些人能说出让人意想不到的话，这个故事里面的"神逻辑"就是：因为你有钱，所以应该白送我。生活中很多人都有这样的心态，比如认为因为你有钱，所以就应该你掏钱请客。在他们看来，全世界都亏欠他们。

3. "你起诉我抄袭？你一点儿名气都没有，是想蹭我的热度吧？"

犀利点评：这年头，抄袭还有理了？这家伙的思维定式就是，我有名，你没名，我抄袭你，那是给你面子！

4. "我之前借给你的钱已经快两年了，我这儿有点急用，能还我吗？"

"这钱你不是说不用还了吗？怎么还和我要？"

"我什么时候说不用还了？"

"你当时说的，让我不用着急还。"

"我说的是不用着急还，而不是不用还，再说了，我那是客套话。总之我现在有急用，你抓紧时间还我吧！"

"你这人怎么这样？太不够朋友了吧！"

"欠债还钱不是天经地义的吗？"

"你别说得像我要贪你这点钱似的，我会不还你吗？"

"那好啊，你什么时候还给我？"

"我现在没钱。"

……

犀利点评：这年头，欠钱不还的反倒成"大爷"了。

5. 在一次招聘会上，某工厂的 HR 打着招工的牌子。一位应聘者看到就问了一声："一个月给多少钱？"

HR 说道："我们是国企，各项福利待遇都很好，比私企有保障。"

应聘者："一个月给多少钱？"

HR："我们有五险一金。"

应聘者："一个月给多少钱？"

HR："我们的老板很有情怀，公司员工都很团结，大家就像一家人。"

应聘者："我就问你，一个月给多少钱？"

HR："你们这些年轻人啊，就知道乱花钱，给你们 5000 元的工资你们也攒不下来。"

应聘者："到底多少钱？"

HR："3700 元。"

犀利点评：不知道这个 HR 是由于思维定式这么说，还是因为担心一报价就没人应聘了，反正他是成功浪费了彼此的时间。

在生活中我们经常容易陷入单一地看待某件事情的思维当中。

老师潜意识里认为小 A 欠揍；

有钱就应该白送；

借钱不还有理；

HR 机械陈述，回避关键问题……

定式效应主要是由两个因素导致的：

第一是自身所形成的直接的经验或观念，第二是在较长时间内起动力作用的一些心理因素，如需要、情绪、价值观以及已养成的习惯、行为方式和个性倾向等，都可构成某种心理定式。以上两类因素都会不自觉地甚至无意识地对人的活动产生影响。

当年拿破仑被流放到圣赫勒拿岛，他的一位忠实部属给他捎去了一副国际象棋，拿破仑甚是喜欢，后来就用下象棋来打发自己无聊的时光，直到最后，象棋被摸得非常光滑了，他的生命也走到了尽头。

拿破仑去世之后，这副象棋经过了多次拍卖，后来拍中这副象棋的人无意间发现，其实有一枚棋子的底部是可以打开的，里面有一张逃生地图。如果当初拿破仑能打破自己惯有的思维模式（大多数人拿到象棋的第一反应多半是和拿破仑一样的），从逃生目标出发去尝试探索这副象棋，或许会有另外一种不同的结局。

所以，要想打破思维定式，我们需要先检验自己的思维是否出现了以下错误的反应：

仅凭自己的直觉做判断

对事物的看法存在主观偏见

一旦有以上两种反应出现，我们就需要继续进行下一步的思维模式调整。

你可以试着对事物或人重新下定义，举一个简单的例子，很多人在恋爱中容易受挫，然后灰心丧气，最后怀疑自己是不是没有遇到对的人，但事实一定是这样的吗？答案是未必。如果我们能重新审视这个问题，就可以获得更多的视角，譬如是否谈恋爱的方法不对，或者是否两个人存在性格融合问题。试想一下，如果能对恋爱失败这件事情进行二次梳理，那在当下至少有了更多不同的解决方法，而不是拘泥于没有遇到合适的人，从而继续等待对方的出现。

明确目标，逆向思考（也可称为思维翻转），就像第一个故事里的老师，目的是为学生解决问题，疏导情绪，我们可以用思维翻转的技巧来做一个具体的实践：

如果我们是这位老师，首先我们可以问自己：

这位同学来报告说自己被打，挨打的人就是犯错者吗？显然不是，因为在生活中也经常会看到一些人因为看对方不顺眼而发生口角。作为老师，当我有"挨打者一定是犯错者"的偏见思维时，我的感受是什么？这位同学会一直找我，而最终我也无法化解同学间的矛盾。当我没有这样的偏见思维时，我的感受又是什么？这位同学会觉得自己被理解，觉得老师是客观看待问题的，最后会找到小A一起来解决问题，大家的心情都会变好。

通过以上的自我心理对话，其实不难发现当自己的思维翻转之后，解决问题的思维更加清晰了，思维翻转不仅能让我们更理性客观看待问题，也更能处理好和周围人的关系。跳脱思维的局限后，对方会觉得与你的对话和交流变得更加舒适。

另外一种可怕的思维定式是应该化思维，生活中也经常会听到"你帮我是应该的""你有钱你就应该多买点"等类似的话语。

心理学家认为，在心理发展的初期阶段，自我和外部的世界是还没有明确区分开的，如果成长过程中没有得到积极的引导，就容易形成自我中心的思维，仅从自我的角度去认识外部世界。应该化思维的背后正是"思维的自我中心状态"的体现，无法体会他人的感受，自己也很容易陷入负面情绪中。这时候最适用的是角色转换法，把自己置身于对方的角色中，让对方扮演自己的角色，切身体验对方当下的感受，能够让我们更好地看到不同角色背后的内心世界，从而更好地理解、感恩他人。

正所谓"不破不立"，打破自我思维中的障碍或边界，像司马光砸缸那样，带着更大的勇气，为新思维开路。

为什么人们会莫名其妙地奔跑？——从众心理

突然，一个人跑了起来。也许是他猛然想起了与情人的约会，虽然已经迟到很久了。不管他在想些什么吧，反正他在大街上跑了起来。

另一个人也跑了起来，第三个人，一个有急事的绅士，也小跑起来……十分钟之内，这条大街上的所有人都跑了起来。

"决堤了！"这充满恐惧的声音，可能是一位妇人喊的，也可能是一个交通警察说的，亦可能是一个男孩子说的。没有人知道是谁说的，也没有人知道到底发生了什么事。

但是两千多人突然都奔逃起来。

这是美国人詹姆斯·瑟伯写过的一段十分形象的文字，用来描写人类的"从众心理"。这让我想到了一个人。

笔者有个朋友，就叫他小杨吧。小杨可以说是一个极度没有主见的人，不管做什么事情他都无法自己拿主意，也许有人会把这称为谨慎。没错，如果是至关重要的大事多方采纳意见，的确是谨慎稳妥的表现，但小杨却连一丁点儿的小事都要看看别人怎么决定。哪怕只是吃个早饭，他都要看看别人买什么他再买。

不过按照小杨这种选择的方法，在吃这方面少踩了很多雷，因为他总是选择买的人比较多的品种，或者排长队的餐厅，也因为小杨有这种"嗜好"，大部分网红美食得以被我们品尝，从前几年的肉松小贝，到后来的脏脏包，从喜茶到丧茶，到处都有小杨和朋友们排队的身影。

小杨仿佛只有在人群中才会觉得舒适，异于众人会让他尴尬。从入学开始，小杨就跟风学了吉他，还跟着寝室的同学玩上了网络游戏，他为了追上其他同学的"进度"，不眠不休，以最快的速度从一个游戏小白变成了老油条。与此同时，在一次通宵鏖战时，小杨接过了同学递过来的一根烟。他看出笔者的诧异，笑了笑说，"大家都抽，我不抽显得不好"。

后来有一次，他讲述了他幼年时候的一件事："那年'非典'流行的时候，我妈带着我去超市抢盐，告诉我说吃盐就能预防'非典'。当时我妈为了抢盐还差点和别人打起来，最后买了四箱盐回来。很快电视上就辟谣说吃盐是没有用的。其实我家根本不开火做饭，我爸那时候还没退伍，我们都是吃食堂的，当时我妈到处拿着盐去送人。我问过我妈，为什么要买这么多，我至今记得我妈告诉我说，别人都去做，如果我们不跟着做，就显得我们是异类，异类是不会有好下场的。这句话深深刻在我的脑子里，不自觉地，我也变成了一个只会跟风随大流的人。"

他点上一根烟，烟雾中我看不清他的表情，只好垂下眼，盯着他因为吸烟已经泛黄的中指，一句话也说不出来。

我们害怕成为异类，害怕承担潜在的风险，渴望被接纳和得到群体的认可也是人性的一部分，会让我们潜意识里觉得可以减少损失的成本。 当今社会，特别是对舆论事件的评论体现得尤为明显。

心理学家做过有趣的电梯实验，先由一部分工作人员进入电梯并且都背对电梯门站立，随后观察进入电梯的人群的反应。不知情的被试 A 进入电梯，犹豫着是否要转身站立，紧接着另外一个知情者 D 进入电梯后背对电梯门站立，A 在考虑片刻后随即转身站立，与所有人保持同步。

该实验在进行第二次的时候做了一些小调整，电梯每隔一层会打开一次，这些被试也在不断地变换自己站立的方向。实验结果最终表明，群体的行为会对个体造成一定的影响和压力，而个体此时很可能会产生自我怀疑，改变自己的判断或行为，选择和大多数人的行为保持一致，这个过程就是从众心理演化的过程。

这是一种需要被持续关注的社会现象，从众心理是我们在对自己不太自信，信息不够全面时最容易犯的错误，长期从众容易使人丧失独立思考和基本预判的能力，进入思维的恶性循环中。

明确自己做一件事的根本目的，勇于对群体的行为产生怀疑，自我对话四步法可以有效地帮助我们摆脱从众思维的枷锁：

第一步：群体动机觉察。他们为什么要这么做？（动机）

第二步：理智化辨别动机的正确性。他们这么做对吗？（分辨）

第三步：自问做这件事自身的意愿程度。这真的是我想做的吗？（自察）

第四步：预判危机是否可以接受。如果我不这么做会带来什么不堪设想的后果吗？（危机预判）

当你问完这四个问题的时候，你会从一个更为客观的旁观者的视角去审视群体和自身行为的合理性，也能看到自身行为的真正内在动机。

不要过分在意他人的评价和看法，既不屈服于家庭的压力，也不屈服于社会的压力，而是遵从自己内心真实的选择，因为你会发现，当你担心别人的评价和眼光而选择随大流的那一刻开始，其实你已经在背负沉重的心理压力了。就像你加入 30 岁结婚大军，婚姻大事搞定了又会有生孩子的压力，孩子生了又会有孩子成长的比较等，在这些看似安全的群体中，其实压力指数是不断增长的，当你从群体中走出来，敢于做自己想做的事时，才能真正摆脱群体的困境，而且你会发现，并没有那么多人愿意花时间来持续评价你。

远古时期，人类为了抵抗来自自然界的各种威胁聚居在一起谋生存，也就慢慢烙上了群居动物的属性。不可否认，我们需要群体来获得一定的安全感，但是也同样需要保持自我的独立性，辩证地看待群体和个体的关系，才能减少恐慌，才能避免群体的偏执或负面思想偷走个体的独立思考。

第四章

为什么你的关注点总和别人不一样?

颜值高的人表现更好吗？——光环效应

有一对好朋友，一出生就很有缘分。因为两个人的妈妈在同一间办公室上班，两家还是邻居。两个人出生前后只差一个月，本来关系就好的两个妈妈因为有了年龄相仿的女儿变得更加亲近了。那时候，两个妈妈看着幼小的她们说起了悄悄话。

"你看，你姑娘从来不哭，白白嫩嫩的真是可爱啊……你看我这个……也太丑了吧！"

"小孩生出来的时候都不好看的，长开了就好了，你别这么说自己的孩子啊……"

时间过得飞快，两个女孩逐渐长大，天天在一起玩，感情很好，只是生活中隐约开始有了一些因长相不同引起的差异。

漂亮的女孩叫夏初，不漂亮的叫文静。在成长的过程中，文静已经不止一次感受到颜值的重要性了。文静逐渐察觉了一个事实，不管自己有没有错，自己受到的责备都要多过夏初，夏初总是特别容易就能被别人原谅。比如，有一次，两个人周末出去玩时把书包掉到了湖里，明明是夏初拉着文静去的，也是夏初非要在湖边踩小石头，掉了的书包是文静的，挨骂的却只有文静一个人，甚至在夏初替文静分辩说其实是自己的主意时，大人还说夏初愿意和朋友一起承担责任，这样很棒……

那时候的文静已经明白了，因为夏初有一张漂亮的脸，所以特别容易被人原谅。随着年龄的增长，文静也逐渐意识到现实的残酷。不过，文静的心态很好，一方面努力学习化妆技术，另一方面不断提升自己的能力、气质等。她相信，丑女也会有春天。

在当今社会，高颜值是一张好用的通行证，长得好看确实是一种优势，这其实蕴含着一个很有意思的心理学效应：光环效应。

当两个颜值存在一定差异的人站在我们面前的时候，人的潜意识其实更容易被长得好看的那一个吸引。

来自麻省理工学院的政治学教授劳森和伦兹就 2006 年选举的两份调查数据展开了一项研究，调查候选人的外貌对选民投票的影响。这些选民之间存在一定的差异，有些很少或根本不看电视，有些看电视时间正常，有些整天看电视。结果显示：总的来说，外貌优势在信息不足的选民中能转化为投票箱中的优势。花很多时间看电视却不真正了解候选人的选民特别容易受到外貌的影响。

所以，长得好看是一种不可多得的资源，用好了很容易获得一路绿灯。美国一位大学教授也提到过，在面试中，应聘者的颜值会影响面试官的主观判断，而通常在面试的前半部分，面试官心里已经打出了一个分数。反观我们身边长得好看的朋友，不难发现，高颜值的人往往更招人喜欢，也更有说服力，这类人更容易得到他人的帮助，这就是一种光环效应。

但光有好看的外貌是无法带来持久的影响力的，背后还需如内涵、谈吐、自信等品格作为支撑。美国学者罗伯特·西奥迪尼曾指出，通常情况下，人们会下意识地把一些积极的品质加到长得好看的人身上，比如聪明、诚实、机智、善良等，所以长得好看的人可以给自己打造一个核心价值标签，譬如美貌＋智慧、美貌＋真诚，等等。当你具备美貌以外的附加值时，更容易给人带来惊喜。

长得好看的人也更容易成为大众的焦点，获得更多的关注，而关注的背后意味着更多的社交机会，更多的练习和试错机会，通过不同程度的社交练习，更能提升社交技能。

但美貌同时也是一把"双刃剑"，当你没有足够的智慧去驾驭美貌时，长得好看反而可能是一种不幸，甚至可能遇人不淑，给自己带来不必要的伤害。所以，我们应该看到，美貌优势的发挥是有一定先决条件的。

那么，长相没有优势的人就一定不招人待见，处处碰壁吗？其实不然，学会制造和他人的相似性就可以解决这个问题。研究表明，我们通常会对和自己相似的人更有好感，这种相似可以体现在观点、背景、价值观、生活方式或个性层面，所以可以试着多关注别人的喜好，适时投其所好地沟通。

外貌是天生的，但自信和勇气可以弥补外貌的不足。笔者曾经有个朋友，小时候因为一场意外脸部留下了烫伤的疤痕，但是她并没有因此而讨厌自己，与人交谈的时候仍旧表现得落落大方，神采飞扬，浑身散发着自信，让身边的人也觉得她很真实。很多时候我们以为自己长得丑，但他人的关注点并非局限在你的容颜上。长得丑其实并不可怕，可怕的是你把长得丑当成一种自我的预言，不断给自己施压。

从他人的期待和评判中走出来。当他人对自己的外貌进行评论时，把这些评论都列出来，一项项进行自我审视，清理掉不合理的负面评价，即使你真的认为自己长得不够好看，那也只是在长相这个点上，并不代表在情商、能力等方面你也同样逊色于别人。所以这个时候是考验我们注意力的时候，你的注意力在哪里，自信就在哪里。

注意是有选择性的，所以如果你选择看到自己丑的一面，就无法关注到自身值得被欣赏的一面。或许你确实有长得不好的五官，但这仅仅是你的一部分，并不影响你在其他方面表现得非常好，只要你认为自己有这个能力和潜力。

你讨厌到令人难以忍受——超限效应

你身边有没有一个让你不能忍受的人存在?据不完全统计,在封闭环境中总会有一个人"令你讨厌",这种现象在职场中表现得更为突出。今天故事的主角就是这样一个不被人待见的"董大师"。

"董大师"在一家营销策划公司上班,人说不上坏,就是表现欲特别强。不管谁聊天,只要他听到了,都要上去插几句。可能他就是热情过度吧,但是他插嘴的方式和内容,实在是让人有些难以接受。

比如,同事聊到某个新闻事件,他就突然凑上来说:"你们说的不对,事情不是这样的……其实是这样子的!"有时候经过董大师一讲,事情确实会被理得脉络清晰,同事也会露出恍然大悟的表情:"哦,原来是这样啊,董大师果然有高见,佩服佩服。"这时候董大师就会露出二百分满足的表情。

对，董大师的名字就是这么叫起来的。因为他似乎什么都知道，什么都懂，不管你说什么，都在大师的知识储备里面，反正都能给你像模像样地讲出个所以然。一次两次还好，但如果每次都这样，就难免让人心生芥蒂：这家伙是在借着炫耀自己暗踩我一脚吗？

平时，同事们谁发现了一个好吃的餐厅，兴冲冲地来跟大家伙分享，董大师每次都会特别不屑一顾地说："你说的那个地方我吃过，不行，我给你们推荐个好地方……"同事们谁买了个新手机、新电脑，董大师又来了："你买的这个机子不行，你们不懂，你看看我的这个，这才是真好……"

每次气氛都降到了冰点，而董大师却丝毫察觉不到同事的脸色有多难看，依然滔滔不绝，直到大家一哄而散。慢慢地，大家都不太喜欢和董大师交谈了，不仅是因为他太喜欢炫耀，更多的是因为他不懂得如何尊重别人。

有一次，公司开会，老板说到一项市场部分管的业务，市场部的同事刚准备站起来，却看到董大师率先站起来了："王总，我觉得咱们下一步的业务不应该局限在本市，应该向周边城市乃至外省拓展市场。"老板听到这里微微颔首，觉得董大师说到自己心里去了，便示意董大师继续说下去。

"众所周知，市场是企业的灵魂和生命力的根本，而我们营销策划公司就更要发挥自己的优势。周边城市目前从发达程度来说都不如本市，所以在公司业务这块一定会是一个空白市场，所以这时候谁抢占了市场谁就抢占了先机，而且依照公司现在的优势，一定能够占领这个先机。等我们把周边城市的市场全部占领之后，就可以考虑拓展业务到外省了。"老板听得频频点头，认为董大师所言极是："那么你说说下一步的具体计划吧，应该怎么去占领这个市场？"

董大师一愣，挠了挠头："我……还没有考虑下一步的计划怎么施行……"老板很意外，脸色有些不好看，刚想说什么，市场部的同事站了起来："市场部已经对周边城市相关行业情况做了一个初步调查，您先过目。"说完便将一份准备好的文件递交给了老板。回到座位的时候，这位同事充满怨念地瞪了董大师一眼，董大师仿佛没有看到。

同样的事情后来也发生过几次，每次都是董大师"截和"别人的项目侃侃而谈，但最后都是流于空谈没有任何的计划性。董大师光说不练，以及那种自以为是的优越感，让大家颇有微词。

在生活中我们也难免会遇到像故事里的董大师这样的人，喜欢通过反驳别人来显示自己的"高情商"，一开口就会让人感到非常不友好，不给别人接话的机会，这是一种惹人厌的行为，也将自己的低情商暴露无遗，这类人就是我们常说的"杠精"。杠精的典型特点是说话以自我为中心，别人说了什么并不重要，先反驳了再说；不能把握说话的分寸，也谈不上换位思考，沉醉在自己的世界里难以自拔。

其实杠精们的这股子戾气背后是他们极其渴望引起他人的关

注，但是如果一味地通过反驳别人来体现自我价值，就会让周围的人从不耐烦发展到讨厌，最后变成对抗。这种刺激不断增多、变强以及作用时间过久而引发的心理极度不舒适的心理现象，称为"超限效应"。

1945 年，罗斯福第四次连任美国总统。有一位记者来采访他，让他谈一谈有何感想，罗斯福没有回答，而是拿起一块三明治请记者吃。记者吃了，随后罗斯福又继续请他吃第二块，记者因为盛情难却接着吃了第二块。罗斯福接着请他吃第三块，虽然已经很饱了，他还是把第三块吃了。最后，罗斯福请记者再吃一块的时候，记者已经有要呕吐的感觉了，于是罗斯福告诉他，其实我的感想就如你现在的感受是一样的。

罗斯福让记者体验吃三明治的过程，目的就是让他亲身体验自己当下的感受。当同一个问题被问很多次以后，难免会让人心生厌烦，乃至产生压迫感。罗斯福的这种感觉也是超限效应的再现。

其实我们每个人天生都有能力进行一场舒适的交谈，既可以合理地表达自己的观点，又可以得到他人的认可。那么，如何避免自己成为"有文化的杠精"？

抛开自我，懂得接纳他人的观点。交谈不是辩论赛，著名的心理治疗师 M. 斯科特·派克曾言，"真正的倾听需要把自己放到一边"。当群体中其他人的观点和自己的观点不一致的时候，不要过度情绪化，先让对方把话说完，当你不认同他人所表达的看法时，不要掺杂任何的情绪性评判。克里希那穆提曾提及，不带评判的观察是人类最高的智慧。我们要学会用观察代替评价，先肯定对方。你可以试着这样说："你刚刚的想法很不错""你们刚刚说的那个地方我也很熟悉，还挺值得一去的，不过最近我也看到几个蛮不错的地方，供你们参考……"你会发现当你接纳他人的观点时，同样有自己分享看法的机会。

说话不宜过于直接。很多时候表达的方式比表达的内容更为重要，你所认为的豪爽真性情在别人看来是毒舌，一开口就是你这个不行，那个不好，只会让人越发想要远离。好的表达方式会让人感到更舒服，你可以把你这个不行换成"你如果……是不是会更好？""这是我的个人想法，你觉得呢？"说完也要给对方说话的机会，把话语权还给对方，做一个好听众，而不是自导自演。

高情商的人更懂得在欣赏和认同他人的基础上做自我发声，于是越来越受欢迎，而"杠精"受超限效应的影响只会越来越被孤立和回避，小心自己成为"阿基米德的后代"哦！

课代表的诞生——视网膜效应

学生时代，每个班里都会有一个调皮捣蛋、让老师头疼的"坏学生"，他们大多成绩不好，犯错误时却总少不了他们。侯小乐就是这样一个孩子，他以调皮著称，无论哪个老师提起侯小乐这个名字，都会"唑"的一声，然后摇摇头。

初一的时候，侯小乐的班里来了一位实习班主任冯老师。冯老师刚来没几天就碰上了侯小乐闯祸，他把隔壁班刚画好的黑板报给人家擦了。冯老师带着侯小乐给隔壁班老师道了歉，然后让侯小乐陪他一起把板报给人家重新画好。

侯小乐本来以为的挨骂却没有发生，冯老师让侯小乐给他打下手，还称赞侯小乐有画画天赋。从来没有被老师表扬过的侯小乐有点不知所措，冯老师拍拍手上的粉笔灰说："你知道吗？老师小时候也是个调皮大王，我看见你就好像看见了自己小时候……"

侯小乐一脸的不相信："那你还能当上老师？"冯老师笑了："我小时候成绩还是不错的，比你现在好一点。所以其实调皮没什么，只要你努力，也能把成绩搞好。"侯小乐低下了头："我没希望了。"冯老师拍拍他说："你这才哪儿到哪儿？这就灰心了？人生还长着呢。"想了片刻，冯老师又说："这样吧，下学期开始你给我当政治课代表怎么样？"

侯小乐两眼放光，使劲儿地点了点头。在放假之前的班会上，冯老师宣布了侯小乐就任下一学期的政治课代表一职，同学们都鼓起掌来，侯小乐体会到了从来没有过的自豪感。

当我们拥有某样东西或者说拥有某项特质的时候，就会更加关注别人是否和我们一样拥有这样东西或此项特质，这是心理学上所说的视网膜效应。 当然，这也可能成为一种较为狭隘的视野和思维，导致看问题不全面，特别是关注到一个人的消极或负面特质时，容易形成偏见。这时候最为关键的就是打破思维定式。

1976 年，心理学家曾做过一个实验，让所有被试阅读一本书，这本书主要讲述的内容是一个叫简的姑娘一周的生活情况，并且描绘了简内向和外向的性格特点。随后，被试被分为两组，A 组需要判断简是否适合做房产经纪人，而 B 组需要判断简是否适合做图书管理员，随后 AB 两组的被试分别找出了简适合做房产经纪人和图书管理员的性格特点来佐证，但是当分析简适合做房产经纪人的 A

组被试被问到简是否适合做图书管理员时，被试给出的答案是不适合，B组的情形与之类似，答案则正好相反。

从这个简单的实验中我们可以看到，当两组被试从不同职业角色出发，就会关注到不同的面，从而收集不同的证据，也就很难再去关注另外的内容。

要想走出视网膜效应带来的恶性循环，可以采用大脑过滤的四个步骤：

第一步：明确关注点；

第二步：反思自己对于关注点的认知有无掺杂主观的成分，是否给了被关注者表达的机会，或者从多维度收集了信息，自己对关注点得出的结论是否值得推敲（譬如，对方不微笑就是代表生气？调皮的学生就不能当课代表？）；

第三步：给被关注者表达的机会；

第四步：探寻被关注者所表现出来的特质对最终结果的积极意义（比如，调皮捣蛋从另一角度来看也是一种活泼的特质，更容易和同学打成一片，当过图书管理员的人依旧也可以尝试做房产经纪人等）。

你会发现，主观臆断的想法会在过滤的过程中不断减少，所做出的判断也会更精准。当然，视网膜效应也具有对专注的事物聚焦及深入研究的积极意义，比如你有意识地对健康问题开始关注，就会找寻很多资料，学习很多知识，或参与很多课程来加深对健康的认知。

　　视网膜效应的存在就像是我们在经历一场和大脑里原有的想法博弈的过程，我们既需要对原有的认知有抵抗的精神，也需要正确的专注。

为什么"老好人"不招人待见？——改宗效应

"下面我宣布，新上任的部门经理就是郝一生，大家鼓掌！"

下面却只有稀稀拉拉的掌声，听上去就无精打采的。老总宣布的时候，真真切切地听到了同事的窃窃私语，郝一生却一脸的不以为意。

散会之后，老总看着他："小郝，看来同事们有些不满啊，你以后的工作怕是不好展开了。"

"一将功成万骨枯，这点事不算什么。"郝一生露出一个既充满信心，又略带轻蔑的笑容。老总露出了满意的表情，心中暗想：这是个能做大事的人。

也许你会觉得，郝一生是一个高傲没有亲和力的人，其实他以前并不是这样的。之前的郝一生，就像他的名字一样，一直是个"老好人"。不管谁找他帮忙，或者有什么要求，他每次都是一口答应下来。比如，无论谁有事他都会主动和对方换班；家远的同事下班工作完不成，他也会主动帮忙；更别说顺路帮别人买东西、拿东西这类小事了。他原来经常挂在嘴边的一句话就是：好人一生平安。

开始他也觉得搞好同事关系是比较重要的，自己为别人做了事情，他们就算不感谢自己，也至少会觉得自己是个不错的人。但是很快他就发现，似乎一切并不是他想的那样。他出于好心的一些善举，不仅没有得到对方的感谢，却仿佛变成了自己的分内事，偶尔一次没帮忙，对方就会对他不满意。

比如，有一个同事，每次他有事郝一生都会主动和他换班，有一次他又想换班，但是郝一生恰好也有自己的事情，所以就没和他换，结果对方就在背后说他不通情达理。

还有一个同事，每次郝一生去倒水都会顺便问问他，要不要帮他倒一杯。时间长了，每次当郝一生拿着杯子站起来时，这个同事竟然会主动举起杯子，一句话也不说，仿佛这一切都是应该的……

时间久了，郝一生隐约觉得自己的善良和忍让并没有获得任何善意，甚至连基本的尊重都没有得到。但是他本着不破坏同事关系的原则，并没有做出任何改变。真正促使他做出改变的是另一件事。

当时有一次岗位竞聘，有两个名额，原定是郝一生和另外一个同事两人共同晋升，结果事情有变，名额只有一个了，老总决定让同事投票。

郝一生当时心里十分自信，因为不论是资历，还是经验，自己都要比竞争对手强很多，而且自己平时又是个"老好人"，谁也没有得罪过。竞争对手则不一样，他是一个做事雷厉风行，大刀阔斧的人，也因此得罪了不少人，所以郝一生认为，于情于理，同事都会把票投给自己。

结果却翻车了，得罪了不少人的竞争对手以高票当选，"老好人"的自己只获得了寥寥数票。这次升迁失败对于郝一生的冲击是非常大的，他终于认清了现实，自己的"老好人"风格被视为软弱无能。从此，郝一生渐渐强硬了起来，再也不会无底线地做一个"老好人"了。

果然，郝一生的改变造成了同事的疏远，但他不在乎这种面子上的关系了。有了这种想法的郝一生，在工作中果断地指出了同事的错误，为公司挽回了损失。渐渐地，老板对郝一生的印象发生了改变，并越来越欣赏他。没过多久，他就得到了晋升。

最开始，郝一生一直扮演着"老好人"的角色，对同事提的要求来者不拒。这是热心肠员工的典型代表，但事实上并没有赢得同事的好评和感恩。在职场中像郝一生这般的"老好人"时常有，比如电影《芳华》中的男主角刘峰，就将"老好人"这一角色演绎得淋漓尽致。从心理学的角度上看，"老好人"通常会觉得拒绝别人没有必要，只要自己能够做到的事，就一定尽力而为，即便拒绝也会觉得不好意思，然而一旦对方养成了惯性，就会对自己产生压力，最后委屈了自己，职场人际关系也堪忧。

故事中的郝一生直到自己做出改变，不再过度迎合同事，从客观的角度指出同事工作中的错误，才赢得了老板的欣赏。对别人太客气，讨好却不被当回事儿，而对别人犯的错误是非分明的时候反而更容易获得机会，这一现象可以借鉴心理学中的改宗效应。

改宗效应是由美国社会心理学家哈罗德·西格尔提出的。他发现，**相对于无条件的附和和给予，先否定或适度地反对再给予的过程，会获得更多的认可和快乐。**引申到职场人际交往中，即先反对后同意对方的观点，这么做可以增强自己的受欢迎程度。也就是说，当你敢于直谏他人的错误时也激发了对方的好奇心，会让对方觉得你是一个有态度、有想法的人，从而对你另眼相看。

布里斯托大学、海德堡大学以及明尼苏达大学的研究学者曾设计过一系列游戏，以研究有哪些因素促成了人们在工作场合的合作行为。结果发现，智商较高的人群更擅长合作，且这种合作更有效；而性格好，通常所说的"老好人"则只会在小范围内促成合作，而且只在最初的一段时间起效。

如果你也是一个"老好人"，如何改变处境，在职场中更自如地做自己呢？

一方面不能扮演"好好先生"，不能人云亦云，对方说什么就是什么；另一方面要选择在合适的时机扮演一个有独立见解和敏锐洞察力的"改宗者"。譬如，某位同事提出了一个方案，你如果有自己的想法，可以适度地先扮演一名"反对者"，发表你的不同看法，敢于说出方案中可能存在的需要完善的部分，但要注意基于一定的客观事实，这样更具说服力。随后对方案中不错的部分给予肯定和支持，从而和同事一起完善该方案，修改完毕后，你就可以放心地做个"改宗者"，有力地支持这个新方案。与此同时，团队同事和老板都会更欣赏你的作风。

学会树立适度的"自私"观念。接受一项请求前先分析合理性以及需要为此付出多大的精力，在职场中需要区分对方提出的请求是懒得去做还是真的遇到了困难，如果是后者，可以采用"反三明治"式的沟通技巧，即先告知对方目前的问题自己没有办法完全解决，同时可以提出一个自己的建议。如果对方无法接受你提出的方案，需要勇敢地表示自己的歉意；如果自己可以帮助其解决，也要秉持"对方有必要自己去做且有能力做好"的原则，并且告知对方解决问题的方法，从而不让对方对自己形成依赖。

美国心理学家提出好相处的人具备几大典型特征：信任他人、总是利他、服从、温和、有同情心。好相处的人往往会把建立和维护人际关系作为主要目标，而"不那么好相处的人"并不是不在意职场的人际关系，只是他们更懂得以工作大局利益为导向，敢于积极捍卫和表达自己的立场。很显然在职场中大部分时候，我们还是以工作目标为导向的，公司层面也会更注重目标完成度，所以要分清轻重缓急，明确工作目标和个人感受之间的界限。

　　一个人必须学会用合适的方式表达他的攻击性，否则容易引发心理问题。而所谓的攻击性不是伤害他人，而是敢于拒绝的勇气，敢于说不的底气。

第五章

为什么他的人缘那么好，你的人缘那么差？

夸我两句吧，假的也行，千万别不理我
——赫洛克效应

李刚从小就是个吊儿郎当的人，对什么都没有特别认真过，上学的时候就非常自由散漫，迟到旷课是经常的事，老师不知道找了多少次家长，然而他从来没有因为这些改变过，总觉得自由最重要。

李刚毕业后接父亲的班，在钢厂工作，收入还是非常可观的，就是辛苦了点儿，三班倒，还要高度集中注意力。这一切对李刚倒没什么影响，李刚把自由散漫的精神延续到了工作中，迟到早退是家常便饭，在岗位上经常看不见人，到处找才发现他窝在一个角落里睡得正香。

领导开始很生气，经常批评他，可李刚根本不在意，领导多说两句他还会直接顶撞。后来领导根本不敢给他安排一些有危险性的岗位，更不放心给他安排一些重要的工作，只让他做一些闲差。这正合李刚的意，他根本没什么事业心，就想混日子。

同事一开始都觉得李刚为人很直很硬气，只有他敢和领导正面刚，大家都还是挺喜欢他的，对领导有什么不满也敢和他说，心想能够借李刚的嘴替自己出出气，所以在很长一段时间里，李刚虽然散漫，但是在车间里人缘特别好，大家和他称兄道弟，下班了有时候还一起喝一杯。

然而这一切都在某一天戛然而止。钢厂进行了制度改革，车间也开始实行绩效考核。每个车间每个月有硬性生产指标，具体到每个岗位上都有自己的指标，按完成度来纳入绩效，工资也由原来的死工资变成了基本工资＋绩效工资。说白了，就是企业鼓励多劳多得，不再白养闲人。

车间领导沉不住气了，专门叫李刚来谈话，对他进行了批评教育，让他以后积极表现，不要拖了团队的后腿。李刚这个人，你越批评他，他越折腾，根本不听那一套，依然我行我素。这样每个月车间的任务都因为李刚一个人完不成，每个月大家都拿不到绩效奖金，收入比其他车间的同事低了不少。渐渐地，大家开始对李刚满腹抱怨，但是谁也不敢招惹他，他连领导都不放在眼里，更何况普通的同事了。久而久之，有点儿本事的，都申请调到其他车间了，剩下的只能和李刚一起混日子。

李刚虽然对于拿不拿绩效无所谓，但是当时车间里的气氛却让他很难受。虽然没有人批评他了，但是也没有人再理他，原来围着他，和他称兄道弟的同事们调走的调走，没调走的也都拿他当空气。他根本不在意领导待见不待见他，只要同事之间氛围好他就觉得工作得很愉快，现在这样他有点受不了了。

在这种职场"冷暴力"之下，李刚最后选择了辞职。领导听了喜出望外，没有一秒钟的犹豫，没说一句客套话就签字了，同事们的脸上也都露出了"诡异"的笑容。

没有人愿意被否定，就像没有人愿意被冷落一样。

在工作中我们可能不是最优秀的那个，但是也希望被肯定、被激励，所有的努力被看见。心理学家及哲学家詹姆斯说："人类性情中最强烈的渴望莫过于来自他人的赞同。"

心理学家赫洛克曾做过一个实验，他将志愿者分为四个组，分别是受表扬组，受批评组，受忽视组（不予评价，只让其静听其他两组受表扬或批评）以及控制组（与前三组隔离，不予任何评价），实验结果表明，表现最差的是控制组，表现最好的是受表扬组。这就是著名的心理学效应——赫洛克效应。

那么，人为什么都喜欢赞美呢？因为大部分时候人们认识自己的方式更多的是出自他人对自己的评价，即所谓的"镜中我"。

2019年日本出了一档很火的综艺节目，请了四位很朴素的女生，需要花50天的时间，不通过整容，而仅通过他人的赞美让她们的容貌发生改变。这个实验听起来有些天方夜谭，但确实产生了效果。

其中有一位参与者仅 21 岁，常为自己的外貌感到自卑，而且上大学的时候常遭同学的冷嘲热讽，以至于都不敢见人，也很少和人交流，性格甚是孤僻。节目组安排了一个意大利小哥教她学习语言，除了日常教学，还会不断鼓励和夸赞她，随着时间的推移，她变得越来越开朗，也敢和身边的人交流了，自信度有了很大的提升。从这个实验我们可以看到，赞美的力量不容小觑。

当然，赞美的方式也是有所讲究的，我们经常会听见有人夸女生长得美，或叫对方美女，但很多时候女生并不为之所动，甚至会心生厌恶，原因就在于这样的赞美太宽泛了。但如果有一个人说"你今天的衣服选得真好看，很衬你的皮肤，看起来更有气质"，你会发现这样的夸赞更容易打动人，因为这是从细节出发，只针对你。

同样地，在职场中，作为领导者，需要就事论事，从细节着手，对员工所做的事情描述得越具体，员工获得的认可度也会越高，情感表达要落到实处，对方才更容易感同身受，相当于帮助员工重启一次他自己做此事的记忆，会让员工有一种你作为领导那么忙，然而这么小的细节都发现了的满足感和感动。

当员工受到赞赏的时候，其实也就得到了正向的反馈，在接下来的工作中，就更容易带着这份动力自发地去纠正自己的行为，就不愁做不出好的业绩了，也就更有可能做出符合管理者或领导者期待的行为。

这是一个双赢的过程，因为管理者通过具象化的赞扬，既向员工传达了认可，又表达了"平行交流"的态度，从而降低了沟通中可能出现的阻抗，尤其是当双方发生争执和矛盾时，赞美对方，能让员工的情绪怒火得以减弱，同样也体现了管理者的智慧和风度。

很多时候，一句夸赞的话是难以消除一句批评所带来的负面影响的，虽然不能消除，但是可以将其减少。所以作为管理者，可以尽可能给予员工认可，这也正是赫洛克效应想要传递的内核。当然也要注意不宜夸大事实，真诚和客观的事实是基准。

兄弟，别跟笨蛋混太久哦——泡菜效应

　　小文小学毕业选初中的时候，家里发生了争议。按照家庭住址划片择校的话，小文应该上西路中学。小文妈妈不想让小文去那里，因为她听说那里的教学质量很一般，学生管理方面也不是太严格。妈妈想交点择校费让小文去实验中学读书，因为那里是市重点初中，教学质量和校风都非常好。

　　小文爸爸则不以为然，他始终认为"是金子总会发光"，西路中学一样有能考上重点高中的学生，而实验中学也不是每个人都能考得上重点高中。而且更重要的是，实验中学离家太远了，开车也要将近40分钟，而西路中学走路5分钟就能到，小文每天可以多睡一会儿。

　　两个人各持己见，就像展开了一场辩论一样，最终妈妈被离家近这一点说服了，没再坚持。就这样，小文来到了西路中学读书。

开学第一天，学校进行了一场摸底考试，小文成绩很好，在年级排名前20。妈妈对小文说："孩子，好好学习，保持年级前20名，你就一定能够考上重点高中。"小文使劲点了点头，表示一定听妈妈的话。

小文也确实做到了努力学习，初一那年每天做完作业，小文还会自主进行复习和预习新功课，还要求妈妈给他买了很多辅导书。努力是有回报的，小文第一学期期末考试得了全班第一，排到了年级前10名。爸爸很高兴，也很得意，对妈妈说："我就说吧，成绩好的孩子在哪儿都是一样的！"

不知道是骄傲了还是什么原因，从第二学期开始，小文逐渐没有之前那么努力了，辅导书做得越来越慢，晚上的学习时间也变得不紧不慢的。学期结束，小文的成绩下滑了，年级排名跌出了前50。

妈妈有点着急，和小文谈心。小文自己也挺懊恼的，表示下学期一定加倍努力。妈妈还是相信小文的自觉性的，也没有多说什么。暑假，爸爸妈妈专门请假带小文出去旅游散心放松，希望儿子在新学期能够把精力全都放在学习上。

小文新学期学习的时间确实比上一学期长了，每天晚上都在房间里待到快十点才出来洗漱，妈妈很欣慰。但是期末成绩一出来，爸爸妈妈震惊了，小文的成绩又下滑了。为什么每天付出了那么长时间，成绩却反而退步了？他们怎么也想不明白。

再次和小文谈心，小文搪塞道自己考试的时候太粗心了，有些题明明会却因为粗心答错了或者选错了。爸爸妈妈将信将疑，突然有一天，妈妈发现了小文成绩退步的真正原因。

那一天晚上，妈妈发现已经十点半了，急忙推开小文的房门说："儿子，十点半了，快睡觉吧！"却发现小文匆忙用书本盖上了什么东西。妈妈上前一把把课本掀开，发现小文正在看一本漫画书。

妈妈很生气又不敢相信："你每天在屋里所谓的认真学习，就是看漫画？"小文撇撇嘴："我作业早就做完了，我要不学习你又得说我！"

"做完作业就没别的事了吗？你不复习吗？试卷你不做了吗？"小文的态度让妈妈非常意外。

"我的同学都看这个，我不看和别人都没法交流了，你根本就不懂！"

"你们都初三了，还有闲心看这些？难道不应该想想好好学习考重点高中吗？"

"你就知道考重点高中，我的同学都觉得无所谓，他们说了，考上重点高中也不一定能考上大学，既然搞不好都是白忙活一场，那么现在还有什么拼命的必要？"小文振振有词，妈妈一句话都说不出来。

妈妈给小文报了许多辅导班，让小文课余时间都去上辅导班，没时间和同学凑在一起玩。尽管小文牢骚满腹，但是妈妈非常坚决，丝毫没有妥协。

中考结束了，小文并没有考上重点高中，离分数线差了将近100分。这天小文爸爸下班回来，十分坚决地说："我已经打听过了，分数不够线的考生只要交上择校费也可以进重点高中，小文大概交 1 万元就可以上了，明天我就去取钱。"

妈妈反而有点意外："你怎么……"

"我很后悔当年没听你的，没让孩子上实验中学。你还记得我有个同事的孩子和小文是小学同学吗？他上的是实验中学，原来还没有小文学习好，现在全凭自己考上了重点高中。是我太大意了，环境太影响人了，难怪古代孟母要三迁……"

小文到了重点高中之后，虽然进校成绩不是太好，但是重点高中管理严格，学习风气也非常好，小文本来底子还是不错的，成绩很快就有了飞跃。这不，小文父母已经在研究孩子应该选择哪所大学比较好了。

环境影响人，听起来很简单俗气的一句话，却不无道理。《华尔街日报》中曾提到过，西方有很多家境优越的孩子挤破脑袋也要进入名校，为的是将家族地位延续下去。他们追求的不仅仅是精英教育，更看重的是名校提供的环境。这种现象在一定程度上验证了心理学上所说的泡菜效应。把蔬菜浸泡到不同的水中，味道也会不一样。好的环境一定可以塑造人吗？

身边不乏这样的反例，父母给孩子提供了优越的教育环境，但是最终孩子的成绩却一样平庸。想起初中的一个同学，父母很早就把他送到国外了，还是很好的学校，最后却被学校劝退。这样的例子并不少见，可见好的学校、好的环境是可以给人带来更多积极正向的东西，但是比起优质的环境本身，更重要的是如何更好地利用这一环境发挥自己最大的优势。现实生活中有很多孟母三迁的翻版，一迁国际学校，二迁辅导班，三迁国外留学，钱花了，却没有因此变得更好。

好的环境仅仅给我们提供了一个可以安心、放手去做的良好空间，但如果没有主观能动性，好的环境发挥的价值也是有限的，很多时候还容易适得其反。

当你进入一个更为优质的环境或群体中时，要放下优质的光环，这是环境赋予你的，并不是你本身所拥有的能力，这样才能谦卑地开启学习和进步之旅。

进入优质环境，内在的精神状态需要跟上，愿意接受优秀的人对自己的影响，从而激励自己不断缩小与群体中他人的差距。此前，有一则新闻出现在微信朋友圈，"寝室四人帮"全部被保研进国内顶尖名校，1人清华，1人上海交大，2人北大。学霸的扎堆出现确实说明了好的环境能够潜移默化地影响人，但前提是你愿意被影响。试想一下如果你看到寝室里其他的同学都在埋头读书，你却完全无动于衷，或觉得对方没必要，仍自顾自地玩游戏，那么再好的环境也无用。先要有自律的意识，他律才会对自己发挥积极的作用。

还有一项很关键的因素影响着泡菜效应的发挥，即接纳现有的差距。当你进入一个优秀的群体中，必然会和群体中的成员存在一定的差距，如果不断地把自己和他人进行比较，或用自己的短处去对比他人的长处，挫败感会越来越强。美国相关的媒体曾报道过美国压力最大的高校排名，其中哥伦比亚大学、斯坦福大学和哈佛大学位列前三，而斯坦福大学的学生曾一度被称为患有"斯坦福鸭子综合征"，每个人都像鸭子一样，只有拼命划水才不会落后。

好的环境也少不了对压力的自我调节能力，具备好的心理素质才能在好的环境下如鱼得水。允许接受在优质的群体里可能产生的暂时的失败，因为当你和优秀的人为伍，愿意被优秀的环境影响时，已经是一种成功。

所以，父母在给予孩子更优质的环境之前别忘了做这三项检查：

第一项：有没有让孩子意识到环境本身不是自己所具备的能力，仅仅是平台；

第二项：孩子有没有自主被优质环境影响的意愿；

第三项：孩子是否能够承受优质环境中可能出现的压力源。

通过这三项检查，父母也能更好地找到真正适合孩子的优质的环境，而不是为了顶尖资源挤得头破血流。

你的人际环境，影响着你的人生——共生效应

李小和陈非凡是大学同学，同寝上下铺四年，两个人就读的虽然不是响当当的名牌大学，但在当地也是数一数二的，读书期间他们非常用功，互相督促，毕业也一起通过了公务员录取考试。两个人因为专业相同，最后被同一个机关单位录取了。

就这么过了半年的时间，要放假了，李小和陈非凡一起吃了顿饭，陈非凡突然问李小想不想辞职，这让李小很意外。

"兄弟你怎么了？和哪个同事闹矛盾了吗？"李小很关心地问陈非凡。

陈非凡摇摇头，喝了一口酒。

"那是怎么了？单位不挺好的吗？你看也不忙，事也少，同事之间关系也挺好的，领导人也这么好，你到底是怎么了？"

陈非凡抬起头:"就是太不忙了,事太少了,我觉得再这么闲下去我就要废了!"

"你真是有福不会享,清闲还不好吗?你看看咱那些同学成天忙得像狗一样,每次我找咱寝室老三打游戏他都在加班,他原来段位比我高,现在我早就超过他了。"李小得意地仰着头。

"人家老三在外企,忙也能忙得有价值,有前途,你看咱俩呢?两眼一抹黑,我现在就能看到咱俩十年后二十年后的样子!"

"你是不是嫌赚得少啊?是,咱俩现在一个月3000块钱是不算多,但是咱清闲啊,你在别的地方哪有这待遇?再说了,你要觉得赚得少,你就等着升职啊,等你升成科长不就一个月6000元了?你再升成处长不就1万元了?"李小劝着陈非凡。

陈非凡摆摆手:"咱科长今年还不到40岁,等他退休咱俩都50岁了,我可熬不了这么久。我本来寻思问问你,咱俩要不一块儿走,反正我受不了了,我必须得跳槽,过年回来我就准备找工作了,你也回家考虑考虑吧。"陈非凡看李小似乎并不动心,也没有多劝,及时结束了这个话题。

春节之后陈非凡多请了几天假开始找工作,很快就在一个私人公司找到了一个跑市场的销售工作,工作底薪不多但是提成非常丰厚,他觉得很有挑战性,就回原单位辞了职,立刻去了新公司。

新公司跑市场的销售人员非常多,采取的是末位淘汰制,由于公司的提成是要滞压两个月才会发放的,所以被淘汰的人两个月的提成都是拿不到的。不得不说,老板这招非常绝,不仅陈非凡,公司里所有的销售都害怕自己的提成打了水漂而每天拼命地跑业务。陈非凡每天都非常卖力地跑业务，非常尽心地与客户沟通，很大原因是受环境的影响，他总感觉自己稍微一懈怠就会被淘汰，所以他脑子里的弦时刻紧绷着。

新工作虽然累，虽然辛苦，但他感到了一种积极向上的良好工作氛围，这让他感觉到安心，他觉得自己像是顺着洪流在往前走，而不是像一块石头永远停留在原地。

功夫不负有心人，陈非凡业绩突出，被任命为销售经理，每个由他管理的销售人员的提成他都可以再提到一部分，收入有了质的提升，工作也不再像之前那么辛苦，需要每天风吹日晒地拜访客户，也不需要频繁出差了。公司为了奖励他，为他租下了一套公寓，并承诺房租全都由公司来承担。陈非凡搬出了和李小合租的房子，和他告别。

搬家的那天，他站在楼下十分感慨，但是有一点他非常肯定，自己当初迈出辞职那一步是没有错的。

就在这时，陈非凡一个常年客户马总突然找到他，说自己开了一家新公司，非常欣赏陈非凡的业务能力，希望他能跳槽来自己的公司。陈非凡有些犹豫，刚刚在公司出人头地，老板又很器重自己，为自己租了公寓，现在离开熟悉的环境和行业去一个新的公司和行业是否妥当，他非常纠结。

马总看出陈非凡的犹豫，便提议让他别着急做决定，可以先来他的公司了解一下。陈非凡答应了，找了一个休息的时间去了客户的公司。

客户马总的公司位于城中央的高档写字楼，看大堂的铭牌就知道大楼里面有很多知名企业。马总的经济实力陈非凡心里是有数的，这方面他倒是没太意外。

让他真正感到意外的是这个公司的合伙人全都是有名校毕业、名企工作背景的，目前聘请的员工也都是985高校的毕业生，自己恐怕是这里面资历最差的一个人了。他瞬间就不犹豫了，义无反顾地回到原公司辞职，主动赔偿了老板为他租公寓的损失，然后来到了马总的公司上班。陈非凡这些年从工作中总结出来的唯一道理，就是你和什么样的人共事决定了你会成为什么样的人。

陈非凡一定要成为像他们这样优秀的人。

而他和李小，已经不记得从什么时候开始再也没有了联系。

十年过去了，陈非凡突然收到了一条信息："请问是陈非凡吗？我是李小，不知道你是不是更换了手机号，如果是请和我联系。"

陈非凡立刻把电话拨了过去，两个人因为许久没有联系彼此都非常拘谨。李小告诉他大学同学近期要聚会，邀请陈非凡参加。陈非凡爽快地答应了。

那天李小又喝醉了，一直追着陈非凡问他到底一个月赚多少钱。

也许是顾及李小的自尊心，也许是比较低调，陈非凡到最后也没有告诉他。其实，陈非凡已经成了公司的股东，月薪10万元加年底分红。

而李小，很久之后成了李科长，一个月工资也不过7000块钱。哦，当然李小这么多年收获的还有一个非常高段位的游戏账号。

故事中的陈非凡和李小最大的不同，在于陈非凡在本可以选择安逸的工作环境时却选择走出舒适区，接受更大的挑战，也正因如此，最后两个人走上了截然不同的人生道路。笔者的同事中，就有人从安稳的工作环境跳槽到BAT（百度、阿里巴巴、腾讯），或走向自主创业之路，这些都是不满足于现状的表现。

那么，是什么驱使这部分人放弃优越的条件和舒适的环境开启另外一份挑战呢？

想要成为什么样的人，就先要进入有这样特质的群体里，这种现象称为共生。这一概念最早来源于植物界，当一株植物单独生长的时候，会显得非常矮小，但是众多植物一起生长时，就显得枝繁叶茂，当你在和优秀的人不断接触的过程中就已经变得优秀了，这是共生效应的表现。

这部分人最大的不同是具备成长性的思维模式，虽然跳出原来的领域进入新的领域，你不一定能成为专家，但是和同等优秀的人在一起也不会差到哪里去。当你觉察到一个小圈子已经无法给你提供更多的成长空间，学不到更多的东西时，即便位置再高再牢固，对于自身的长期成长而言也不一定是最好的选择，有勇气走出来，才有更大的机会再回到舒适区中。

德国埃尔朗根－纽伦堡大学的临床心理学教授齐格弗里德所做

的研究表明，如果大脑长期不进行复杂的运算或思考，就容易导致供氧不足，神经元会变得迟钝，轴突和树突会萎缩，前额叶也会缩水。打个更为形象的比方，你去健身房练肌肉，连续坚持几个月，肌肉线条清晰可见，可一旦停止，极大可能回到最初的状态。又好比放了一个长假再回来工作，刚开始会有一段很不适应的时期。所以不断跳出舒适圈是为了持续激活我们的大脑，不断提高我们的认知能力和创造力。

走出舒适区是提高抗逆力的必由之路，所谓的"铁饭碗"不一定够铁，也不一定能铁一辈子，有一天当自己所在的环境遭遇变故时，如果没有足够的抗逆力，那所谓的安逸就崩塌了。因为从成长区回到舒适区很容易，但要想从长期的舒适区跳到成长区是无比困难的。

美国经济学家、作家史蒂芬·列维特曾做过一项实验，他给受试者出了30个问题，比如是否要辞职、是否要跟另一半分手、是否要读研，等等。让他们通过抛硬币的方式作答，如果正面朝上则要做出改变，背面朝上则可以安于现状。两个月后对结果进行追踪，发现做出改变的人比维持现状的人幸福感高出很多。特别是那些做出重大决定，比如勇敢辞去所谓的铁饭碗的人。很多时候我们会羡慕那些过得轻松的人，但是你不曾知道他们每天也在羡慕着不断成长的你。

当然，每个人想要过的生活是不一样的，每个人的承受能力也有所不同。有些人天生就是战士，喜欢通过冲锋陷阵获得心理上的满足；而有些人生来就喜欢追求闲云野鹤的生活。所以，走出舒适圈也不是一个人必然的选择，但却能让一个人的人生拼图变得更完整，等到年迈的时候回想起来，生命里有值得回忆的更丰富的内容。

不是好人难当，而是你不懂人性——增减效应

有一个小故事，不知道大家听过没有。一个乞丐每天都在一个固定的地方乞讨，有一个好心人每天路过都会给他1块钱。有一天，这位好心人出门匆忙，没有带钱包，所以没有给乞丐钱。乞丐拉住他问："你今天为什么不给我钱了？"好心人解释说自己没有带钱，想不到的是乞丐踢了他一脚说："你真不仁义！"好心人既惊讶又委屈，想不通为什么自己好心的行为却变成了理所当然。

接下来笔者要讲的这个故事的主人公身上也发生了类似的事情，他叫刘石，在某大型汽车企业的流水线车间工作。他人很实在，分配给他的工作一定认真完成，勤勤恳恳。即便是没分配到自己头上的任务，他只要看到了，也会顺手替同事干了。

后来刘石因为工作认真负责，被调到了质检岗位，然而刘石却

犯愁了，因为如果发现了不合格产品，他不知道应该怎么跟同事开口。直接点出对方的错误，恐怕没有人会高兴，刘石就想，多夸人总是没错的，谁都喜欢被夸奖不是吗？所以每次他找到责任人谈话之前，都会先夸对方一番，然后再指出产品的问题。

但是刘石发现，同事根本不买账，每次都是脸色阴郁地离开。而时间长了，刘石发现同事都不怎么接近他了，他主动找同事聊天的时候，大家也只是敷衍几句而已。

刘石很担心自己的同事关系，于是他主动找到那些他自认为"得罪"了的同事们，上来就是一顿神夸，猛套近乎。一段时间内他觉得同事好像对他不是那么敬而远之了，敌意似乎有所缓解。他觉得吹捧战术起效了，于是开始变本加厉，没事就追着那些人夸奖。很快他发现情况又变了，之前对他态度有所缓和的同事现在看见他就躲，他追着上去夸，人家根本不想理他。

刘石很费解，自己就这么招人烦吗？怎么夸人都没人愿意理他？

终于有一天，闲话传到了刘石耳朵里，同事们都在背后说他就是个马屁精，别人都是光拍领导的马屁，他呢，见谁拍谁，也不知道是不是得病了。

刘石泄了气，实在不知道要怎么做才能有好的人际关系了。力也没少下，亏也没少吃，怎么就换不来别人对自己的友好呢？

有一次公司所有的质检人员都被派去参加考察学习，刘石和另一条流水线的质检员林聪住在一个房间。吃过晚饭回到房间，林聪的手机一直响个不停，他的同事纷纷给他发来语音或者视频通话，关心他住得怎么样吃得怎么样，还嘱咐他别忘了给同事们带当地特产。

刘石美慕得不得了，便和林聪套起近乎，打算跟他取取经。林聪认真地回答他："你的问题就在于太过于迁就和讨好人了。"

"这也有问题吗? 我以为有求必应才会给别人留下好印象啊……"刘石非常不解。

林聪继续说道："我平时从来不和任何同事套近乎，工作上的所有的问题我都会直接指出来，当然要客观公正，让人信服，态度必须不卑不亢，因为我们都是在工作，没有必要觉得不好意思。但是同事有什么进步或者值得称赞的点，我也会不吝啬地进行表扬，这样大家就会明白我指出他们错误的时候只是对事不对人，所以不会对我个人有什么意见。而你给大家的感受是你是一个无原则的人。人性就是这样，你对他一百次好他不见得会感恩，但是你突然对他一次不好，他不仅不会想着你之前对他的好，反而会记恨你。"说完林聪就对刘石讲了开头的那个小故事。

无论是在职场还是生活中，我们都希望他人对自己的喜欢不断增加，所以很多时候在人际相处中就会变得小心翼翼，甚至讨好他人。就像故事里的刘石，一直在以自己所以为的好对待身边的人，不但没有收到正向的反馈，自己也变得越来越不开心。

想起美剧《吸血鬼日记》中男主之一达蒙和女主之间的一段对话，女主问达蒙，为什么不让别人看到你善良的那一面呢? 达蒙当时的回答是，因为如果别人看见了，就会期待我一直善良下去。

我们会发现，比起那些一直说好话的人，某种程度上我们更喜欢那些懂得肯定，也懂得表达否定的人，这就是我们常说的增减效应。

心理学家阿伦森曾做过一个与之相关的实验，他安排被试用四种不同的方式来对同伴做出评价，第一种是始终肯定；第二种是始终否定；第三种是先否定再肯定；第四种是先肯定再否定。实验结果表明，被试同伴对于第三种情况的评价喜欢程度是最高的。

在人际交往中要给自己留足进步的空间，就好比考试，第一次你考了 90 分，那么第二次想要考得更好，就只有 10 分的上升空间；相反如果第一次你只考了 20 分，下一次再考 60 分就是一种莫大的惊喜。人与人的交往也是如此，刚开始不要把自己所有的优点和盘托出，唯恐别人不知道自己有多好，而是要一点点地释放和传递自己的优秀品质，先让对方尝到一点甜头，再循序渐进地让别人有机会了解你更多的特质，这是一个探索的过程。

保持行为的一致性。如果你平常是一个比较内敛的人，为了更好地和同事搞好关系而不断套近乎，这样就会让同事觉得别扭，觉得你不真诚。

增减效应的存在也让我们明白，不可能让每个人都喜欢我们，也不可能让一个人接受我们所有的观点。人际相处的目的是实现双赢，既不是牺牲自己的感受成全他人，也不是无视他人的感受满足自己。

当我们意识到他人对自己不满意时，可以先降低对方的预期，再给予一定的夸赞升高其预期，最后抛出共同目标。增减效应运用得当，可以形成一条动态的且螺旋式上升的"心理曲线"，也能让我们在人际交往中更加轻松自如。

第六章

职场"怪兽"多，你要见怪不怪

没有金刚钻，别揽瓷器活——彼得原理

修小建从小就是个安静的娃娃，和其他同龄男孩不太一样，他不怎么喜欢疯跑，就喜欢在家里玩玩具。4岁那年，他把自己的玩具拆得七零八落，妈妈正要训斥他，爸爸走过来问他："你为什么要拆了玩具呢？"小建抬起小小的脸庞："因为我想知道它是怎么工作的。"爸爸很意外，觉得小建非常聪明，小小年纪就知道思考。

爸爸把妈妈拉到一边说："以后他拆玩具你不要阻拦他，由着他。"说着爸爸意味深长地看着小建："这孩子比我想的要聪明多了，说不定他长大了能有一番大作为。"妈妈也看着儿子，眼中闪烁着光芒："没准儿子长大了比你有本事，可以坐办公室，不用风吹日晒这么辛苦了。"

小建的爸爸是一个旅游车司机，工作起来没日没夜，不能按时吃饭，连水都不敢多喝。爸爸心里暗暗发誓，一定要让儿子过上和自己不一样的人生。

然而这世上很多事都不是心想事成的，愿望永远是美好的，现实往往是残忍的。小建除了手巧，喜欢研究鼓捣机械之外，其他方面并没有表现出异于常人的天赋，读书也是马马虎虎。中考时小建也没能考上高中，上了一所中专，学习汽修专业。

其实不光爸爸妈妈，小建也对自己抱有比较高的期望，虽然他只考上了中专，但是他还是有理想有抱负的，胸怀一腔热情和抱负的他很快就到了一家汽修厂实习。他很努力地跟老师傅学着技术，因为他本身就喜欢鼓捣这些机械的东西，在学校学习成绩也算不错，老师傅很欣赏他，经常放手让他自己独立修理。所以到了毕业的时候，小建比其他同学学到的东西都要多，可以说他几乎算个成手了。

别的同学都去了普通汽修厂工作，小建则去了一个品牌汽车厂，经过了系统的培训，小建被分配到 4S 店当维修工。因为技术好，小建很快就成为同批入职的维修工中的佼佼者。不久，维修部主任辞职自己去开修理厂了，小建被破格提拔为维修部主任。

从某种程度来说，小建已经成功了。4S 店维修部主任，已经相当于修理工届的"高管"了。然而小建不满足，心里又有了新的目标。

按照公司的要求，小建填写了晋升申请表格，要求转做行政岗位。管理层看到了小建的申请表格，自然是不同意的，甚至还觉得小建有些莫名其妙。之前不是没有技术岗转行政岗的先例，但大多是年纪大一些的同事，或是身体有什么问题不适合继续从事高强度体力劳动的人员，而修小建哪个都不符合。明明他在维修部做得那么出色，又那么年轻，身强力壮，管理层完全想不到他有什么理由转做行政，但顾虑到年轻人的积极性和面子，不好直接驳回，索性就搁置了，觉得他自己应该明白是什么意思。

但是想不到修小建的申请表格源源不断地递交上来，管理层有点坐不住了，难道修小建真的是有什么原因必须转岗？管理人员找到修小建和他面谈了一次。

"修工，请问你是出于什么原因要转岗呢？"

"没什么原因啊，我在维修部已经做到这样了，我想尝试一下其他不同的工作。"

"真的没有其他原因？比如一些个人原因？"

修小建也有点儿莫名其妙："没有啊，就是想转做行政。"

管理人员考虑到另一个原因，也许修小建是觉得待遇低了，所以抛出了涨薪的筹码。没想到修小建斩钉截铁地拒绝了："不，如果公司不同意的话，那我辞职。"

这个结果可是谁也没有想到的，管理人员迅速开了个会讨论了一下，觉得很难找到这样优秀的技术人才，破天荒地做了个决定：给他安排一个行政岗位兼职。

"修工是这样的，你的转岗申请公司已经批准了，给你安排到行政部工作，但是由于维修部现在实在是需要人，所以想跟你商量一下，看看能不能两边的职位兼顾一下，薪资也会相应提高。你看可以吗？"

当然可以了，修小建根本不在乎提不提薪资，只要能做行政岗怎么都行，于是很痛快地答应了。

刚去行政部上班的时候修小建其实非常不适应，因为他对于电脑的了解，仅限于开个 QQ 聊聊天，浏览浏览网页，其他办公的东西他基本是一窍不通的。其实领导也都知道他不会，所以也并不打算给他安排一些实质性的工作，但是修小建怎么会甘心于此呢？他可是一个有志向有抱负的人！

修小建买了几本电脑方面的书每天看，学习基本办公软件的操作，很快他就掌握并且可以胜任一些基本的工作了，行政部经理也很意外，开始给他分配一些工作。小建觉得自己在这方面果然是有天赋的，更加激发了他的上进心。又买了一些管理方面的书籍，他计划着以后一定要往上爬，一定要进入管理层。

随着小建掌握了越来越多的知识，他的野心也越来越大，每年他都会提出晋升要求，他已经从一个普通的行政人员，做到了行政主管，最后成了行政部经理。维修部主任也一直是他，维修部的事他基本不费什么精力也能做得很好，所以他身兼两职，忙得不亦乐乎。

在领导看来，修小建是一个非常有能力的人，于是更加认可他。终于，小建又升职了，他成了总经理助理。小建狂喜不已，他觉得自己真正进入公司核心管理层了，终于真正成功了！

但是没有高兴多久，他很快发现一切和他想象的不一样。他在维修部的工作对象是汽车，在行政部工作的对象是电脑和文件，而到了总经理助理这一职位，他的工作对象是人。而他似乎并不懂得如何处理这些。

更难的是，没有一本书能够确切地告诉他怎么才能处理好人际关系，怎么才能把总经理的指令下达下去而不得罪人，这不像电脑，按几下键盘就能操作处理了，人际关系实在是太复杂了。有的人当面说人话，背后说鬼话，但他根本不懂分辨；他也听不出别人的话中话，也看不出别人的暗示，这一切都让他崩溃。

他完全失去了信心，随之逝去的还有工作热情，他每天上班就是去维修部晃悠一圈，然后回到办公室打开电脑开始上网。工作越堆越多，他却越来越不想处理，需上传下达的消息，到他这儿全都堵住了。

终于有一天，因为他的消极态度，有一个重要的情况没有及时汇报到总经理那里，差点酿成大错。总经理狠狠地斥责了修小建，并且对他表示很失望。修小建突然醒悟了：处理不好人际关系又有什么关系，只要领导喜欢自己，一样可以晋升啊！

于是他重新打起精神，并不是打算认真工作，让领导改观，而是把精力全都放在了巴结领导上。他开始每天研究领导喜欢吃什么喝什么，抽什么烟喝什么酒，没事就溜须拍马。不仅对总经理一个人，对整个管理层修小建都格外用心。大家开始还挺受用，但是很快发现，这并不是良性的职场氛围，因为修小建依然没有好好工作，工作效率依然没有提高。

总经理很快也发现了这个问题，修小建任职之后的整个工作都乱成一团，完全没有前任助理的条理性和工作效率。总经理痛定思痛，找到修小建，委婉地建议他回到维修部做他最擅长的工作。

可是这时的修小建已经再也回不去了，他只好选择了辞职。

每个员工都渴望晋升，但晋升总会有触及顶峰的时候。故事里的小建随着一级一级地晋升，最后晋升到了自己难以胜任的岗位，这种等级晋升制度的背后也使得组织中出现了很多的"不胜任者"。这一现象被称为彼得原理，该原理最早是由美国管理学家劳伦斯·彼得提出的。

作为领导者应该意识到，晋升只是激励员工的其中一种方式，而不是唯一的方式，否则很容易陷入"无法胜任最高职位"的困境，就好比一名优秀的工程师不一定能当得好一名优秀的管理者，每个岗位只有匹配最擅长的员工才能实现组织效能的最大化，所以从某种程度上来说，过度晋升是最危险的激励方式。

而作为员工也应该意识到，不是每一种优秀都需要通过提拔来得到认可，证明自己价值的方式有很多种。你会发现，当你爬到一个并不能胜任的位置时，会增加自身的挫败感。可能你会得到一些东西，但也会失去更有价值的东西。

激励的最终目的是认可员工所做的贡献，除了加薪晋升，还可以给予员工更大的发挥空间。如果员工喜欢公众演讲，可以让他做年会主持、培训主持，在员工大会上作为代表多发言；如果员工喜欢探索，喜欢创新，可以由他带头组建一个项目群，开启一个新的符合当下业务发展的项目……很多时候单一的激励方式并不能增加员工的满意度和积极性，要做到个体关怀，而不是大锅饭式的"喂养"。

哈佛大学的教授梅奥等人曾进行过一项霍桑实验，对某个班组实行工人计件工资制度，原以为这样的奖励措施会提高产能，但调查结果发现产量只有中等水平，原因竟然是工人们担心产量提高后公司裁员。

霍桑实验清晰地表明，人的思想和行动很多时候是由情感而非理性或逻辑驱动的。情感有时是第一生产力，很显然这些工人缺乏归属感，而这恰恰是员工精神层面的需要。因此，领导者和员工要增强感情交流，譬如设立每月一日的管理者—员工茶话会，设立员工倾诉信箱等。当领导者和员工之间建立深度的情感联结时，组织的运转也会变得更高效。

作为新时代的领导者，激励也需要不断迭代和创新。笔者曾参访一家公司，其采用的激励方式有些独特——积分兑换制，这更像游戏里的打怪升级，既可以有可量化的结果，又可以让员工享有快感，每一次小成就都可以积累一定的积分，相应的积分可以兑换相应的福利，特别是在"95后"崛起的时代，更需要以好玩、新颖的方式来调动这一批年轻员工的积极性。

哈佛大学教授麦克利兰提出的"成就动机理论"认为，个体在工作环境中存在三种主要的需求：成就需求（积分制等），权力需求（晋升），亲和需求（舒适的工作环境等）。在现实的工作环境中，员工的需求通常是这三种或两种需求的结合体，而对于管理者或领导者来说，挖掘员工正确的需求是正向激励开始的第一步。

恰到好处的激励永远比盲目的激励对于整个组织来说更为重要。

为什么菜鸟总是受欺负？——破窗效应

陈娇娇是一个被富养长大的女孩子，除了家境优越，父母和其他家人对她也是格外的宠爱，无论是从物质还是精神层面，都给予了能力允许之内最好的条件。

也许是天性使然，也许是家庭气氛太好，陈娇娇性格非常温顺，在学校里老师和同学也非常喜欢她、关照她。其实陈娇娇是非常幸运的，家里有父母替她打点好一切，学校里有一些很棒的同学朋友，无私地鼓励帮助她。这种被保护的状况一直持续到了陈娇娇大学毕业。

毕业后，陈娇娇进入一家外企工作，工作节奏很快，大家都很忙，同事也都是名校毕业的高素质人才，之前的同学都羡慕娇娇的工作环境，但她却连连摇头，因为她觉得同事对她不好，态度甚至可以说非常恶劣。

听娇娇抱怨的同学们纷纷安慰她，并表示这也许就是所谓的职场暴力，属于潜规则，一般部门里新来的都会被排挤。

"娇娇我跟你说，在这种情况下不能软弱，你越软弱别人就会越欺负你，你一定要拿出点强硬的态度！"

"没错，你要直接表明态度，不要让他们以为你好欺负！"同学都这样告诉她。陈娇娇想来想去，要怎么表明态度？正面对抗自己绝对做不到，毕竟从小受过良好的家庭教育，要不然就去找主管求助吧！于是她找到了主管，向他反映同事们的职场暴力。

主管一听有些疑惑，自己在公司这么多年，哪里听说过职场暴力？同事们人都不错，怎么会突然出这种事？主管表示自己会了解情况，之后便暗中对她进行观察。

主管观察了一段时间之后，找到了症结所在。陈娇娇从小娇生惯养，导致动手能力很差。虽然陈娇娇也是重点大学毕业，专业能力不错，但是作为新人，打印复印这些基础性工作是逃不掉的。陈娇娇就是因为这些细节没有处理好，引发了同事们的不满。

当一个人面对问题多次选择逃避的时候，无论是生活环境还是人际关系都会变得杂乱无章，这是一种有迹可循的心理现象，也被称为"破窗效应"。这一效应可以追溯到20世纪六七十年代，是美国政治学家威尔逊和犯罪学家凯林根据斯坦福大学的心理学家菲利普·津巴多所做的实验中总结出的一项规则。

第一步，不能人为地制造自己的"破窗"。 故事里的娇娇觉得自己不会，但是很显然学习如何打印并不困难。我们需要转变面对问题时的心理和习惯，很多时候你以为很困难的事情，去做了以后就会发现不过如此，因此在没有尝试之前不能轻言放弃。有时混得不好只是一种表象，自暴自弃才是问题的本质。《脱口秀大会》有一期有一个段子挺有意思，"小时候打乒乓球，前两年学会了不摔拍子，后两年学会了不找借口"。面对破窗不是逃避，而是立即行动，当你发现以自己的能力无法完成的时候，就寻求身边资源的帮助。

第二步，每一扇"破窗"其实都是一个引爆点。 关注自己第一扇破窗的出现。你的第一扇破窗可能像故事里的娇娇一样不知道怎么使用打印机，也可能是每天上班总会迟到五分钟，又或者是每天晚上总想着吃夜宵，等等。找到最小的那扇破窗，分阶段建立自律的习惯并制定奖励机制，每修补一个漏洞，给予自己一定的奖励，直到这扇破窗修复完毕。

第三步，定期"护窗"。 窗户修补完成如不定期检查，也很容易老化陈旧，知识和技能的学习是不断迭代的过程，要时刻保持一颗学习的心，提升自己的认知。在芝加哥有一所高中的学生毕业前都需要通过必备的课程，如果其中一门课没有通过，会显示"暂未通过"，而不是及格或不及格，妙处就在于暂未通过意味着没通过只是暂时的，以激发学生持续学习的动力。具备这样一种成长型的思维，才能让窗户更加牢固。

　　而当你刚好发现自己有一扇"破窗"的时候，别害怕，别焦虑，这是让自己成长的最好契机，全力以赴把"窗"补好，在这个过程中你收获的不仅仅是经验，还有更好的自己。

合理表达立场——黑羊效应

办公室新来了一个小姑娘，名叫王晓娟，名字平淡无奇，长相也很普通，性格更是寡淡如水，内向，不喜欢说话。王晓娟和往常的新人不一样，喜欢独来独往，没有热情地融入团队，与同事的沟通仅止于公事。这听起来没什么问题，然而，"不合群"的性格让她很快感受到了寒意。她发现有人在背后议论自己，同事们不喜欢自己，她非常苦恼，认为自己没有做错什么。

随后，王晓娟变得更加沉默寡言，就连办公事时也不愿意多说一句话。例如，同事问她："晓娟，PPT 做好了吗？"

"没有。"

很显然，她是带着情绪的，然而这种无声的抗议并没有起到正面效果，背后的流言蜚语更多了。有一次，团队在交接工作时出了差错，明明是所有人的责任，结果不出意外，背锅的变成王晓娟一个人，气得她直哭。然而，王晓娟与同事的关系越来越远，背锅的次数就越来越多，大家似乎已经习惯了将责任推到她的身上。

王晓娟并不善于表达，也不知道该如何向领导反映问题，只是一味忍受，每一天上班，她都感觉是一种煎熬。

黑羊效应中的"黑羊"是指群体中最不受待见、最不受尊重的成员，被认为是群体的一种耻辱。这个比喻的基础是，黑羊的市场价值远不如白羊，因为黑羊毛相对于白羊毛更不容易染成其他颜色。这类人无论优秀还是落魄，总会受到来自群体的偏见和充满恶意的窥视。这种感觉，仿佛像被独自扔在了一座孤岛一般无望。这类无辜的受害者我们通常称为"黑羊"。

"黑羊"的出现往往源于极其细微的小事，譬如说某个人看起来比较内向，不善于言谈，又比如某个人只是说话带有浓重的口音，等等。

人这一生绝大部分的时间是在处理各种关系中度过的，面对这样一群人或一类人的时候，不同的心理会驱使我们做出不同的反应，但大多时候分为两种情况：

第一种：自己并不知道事情的原委，选择跟随大众的声音，而此时大众的声音是负面的；

第二种：做沉默的旁观者，并不想惹是生非，"多一事不如少一事"。

而无论哪一种都会对"黑羊"造成一定的伤害，因为当我们不想让自己看起来那么不合群时，通常会把无法自圆其说的问题转移给相对软弱的人，或者干脆坐视不管，这就是黑羊效应。

试想一下，你是否有过成为"黑羊"的经历，而当我们发现自己已经成为一个群体眼中的"黑羊"时，我们又该如何脱身？"要么忍，要么狠，要么滚"无法从根源上解决问题。

当发现自己成为"黑羊"时要敢于发声，而不是让负面的声音把自己湮没。合理地表达自己的立场是避免事态恶化的开始，面对他人的挑衅时，用淡定的语气回应，"你们有发表言论的自由，但是你们和我共事也不算短了，多少清楚我的为人，你们可以先去了解清楚背后的情况，再来议论也不迟……"不宜过多卷入自己的愤怒情绪，这会助长他人的姿态。

当然最大的压力还是来源于幸灾乐祸起哄的这群人，作为无奈的"黑羊"，要学会给自己做心理解压。当我们能够理解这群人的行为只是随大流，避免不合群的时候，就已经在心理上战胜对方了，才不至于在议论声中不断拷问自己：他们都这么说我，是不是我真的哪里不好，是不是我真的不该出现在这里，等等。

都说圈子不同，不必强融，不必融入大群体，但并不代表在社交圈或职场中不需要朋友或可以交心的同事。有两三个足够了解你的知己很重要，在你成为"黑羊"的时候他们能真正地站在你这边，使你不至于孤立无援。

而作为群体的领导者，不能选择沉默，而是要积极地与"黑羊"

展开谈心，让他们有表达的机会，并控制群体中负面声音的蔓延，帮助"黑羊"一起还原事情的本来面貌。一个好的领导者要像一把筛子，筛出认同"黑羊"的部分，然后赋予"黑羊"正能量。

　　不管是职场还是生活中，难免有身不由己的时候，避免让自己成为一只"黑羊"以及不小心成为"黑羊"后的自保，是每个人都应该具备的能力。

三个和尚没水喝——华盛顿合作规律

A公司要参加一个大型项目的投标，老板格外重视，专门为此成立了一个投标小组。小组由各个部门抽调的精英组成，单独找了一间办公室供他们办公，公司的同事都戏称他们为"大熊猫组"。

他们确实也有着大熊猫一般的待遇，投标小组成立第一天，老板就亲自给他们开动员会。为了让大家安心工作，老板承诺每天除午餐外，还会额外给大家提供茶点、饮料之类，想吃什么随便提，总之只要大家把工作做好，老板一切都包了。

老板走了，四个精英坐在那里大眼瞪小眼。

"嗯……我是市场部的白主管，你们叫我小白就行。"小白看大家一阵沉默，非常尴尬，拿出市场部的开拓精神打破沉默。

旁边一个戴着眼镜、年长一些的女同事接过话头："我是核算部的蔡文慧。"

"我是行政部的邓小小。"一个看上去很年轻的女孩开口了，顺便指着旁边一直忙着的男同事说："他是研发部的关昊。"

自我介绍完了之后，他们再次陷入了尴尬的沉默。这次白主管也不知道该说什么好了，于是也默默地打开了电脑。

"这……我要干点什么才好？"白主管暗自嘀咕着，望向其他三个人，他们都在很认真地盯着电脑。"他们都在做什么啊，看上去很有目的的样子，我怎么完全不知道该干什么？难道老板已经交代给他们任务了？那老板怎么没给我布置任务？难道我在这就是个摆设？"越想白主管越觉得自己的推测靠谱，暗下决心自己在这里一定要谨言慎行，少做事少出头。

过了一会儿邓小小也坐不住了："难道大家在做什么不应该彼此通个气吗？起码应该有个计划吧，大家都在闷头忙自己的，不交流怎么共同工作啊？"这么想着，邓小小凑到白主管身边："白主管，这里面就你是领导，你就领导领导我们吧，给我们订个工作计划，要不每天开个小会，彼此沟通一下工作进度？"

白主管头都没抬："沟通了我也不懂研发和核算的事，再说了，这里面有比我岁数大的，我怎么好意思领导？要不问问蔡姐吧！"

蔡文慧也不愿意当领导，就这样，四个人相安无事，互不干扰地工作了快两个礼拜。当初老板满心以为精英聚集在一起，一定会有事半功倍的效果，离投标还有两个月的时间，估计用不了一个月就能全部搞定了。

可两周之后，当老板询问进度时惊讶地发现，怎么什么也没完成？老板简直难以置信，转念一想，是不是人手不够多？那再给你们配一个助理好了！

结果，老板的希望又一次落空了。老板百思不得其解，自认为的精英却怎么都达不到自己的期许？快一个月的时间，居然连一个基本的投标书都没做出来，老板一生气，解散了投标小组。

但标还是要投的，老板把任务下达给各个部门，这次两天不到，所有的工作居然都完成了。老板很满意，把各部门领导叫到办公室询问具体做事的是哪些员工，准备给他们发奖金。

最让老板意外的是，做事的原来还是之前投标小组的人。老板实在是想不通，同样的一批人，为什么前后做事效率会差这么多？

故事中的场景不免让人联想起三个和尚的故事，一个和尚有水喝，两个和尚挑水喝，三个和尚反而没水喝。管理大师彼得·圣吉在《第五项修炼》一书中曾提出：在一个团队中，大家都认真做事，每个人的智商都可以达到120分以上。而集体决策时，平均智商却降到了62分，问题出在哪里？这种现象被称为华盛顿合作规律，而这种规律背后影射的是一种"社会懈怠"的现象。

法国工程师林格尔曼曾做过一个"拉绳子"实验，实验结果表明，在群体中，随着人数的不断增加，人均的压力值是处于递减的状态，3个人的人均出力是53.3千克，8个人时人均出力明显减少，只有32千克。

我们可以看到，当我们处于群体中时，个人的行为会很容易受到群体的影响，而且随着群体或团队人数的增多，个体所付出的努力会相应减少，因为在团队中很容易出现"搭便车"的现象。另外，如果仅从团队的角度对结果做整体的评价，也会使个体或团队成员减少自己的努力，最后变成互相推诿、一盘散沙的局面，这就是社会懈怠带来的负面影响。

所以，团队合作的本身不是简单的人力相加就能达到最终的结果，更重要的是人尽其用，减少内耗，这也反映了现代企业中管理上存在的漏洞。那么如何让 1+1 的合作产出大于 2？

在团队组建之前或组建完成之时，需要明确团队输出的整体目标以及各自的分工，避免团队成员对自己的任务不明晰。每个成员所分配到的任务应该是自己所擅长的，而团队成员之间的技能需要具有一定的互补性，并且指定负责向上反馈的人，让团队成员明确自身所做的工作以及他人所做的工作都会给集体结果带来正向的价值，树立团队成员的信心和积极性。

作为管理者还需要适度授权，让团队成员有自我发挥和创新的空间，敢于试错，避免在项目进行中成员内部出现过多的心理压力，而导致团队整体氛围的低迷。

蚂蚁觅食就是一个堪称经典的例子，智商和视力都很弱的蚂蚁为什么总能找到最短的觅食路径，因为每一只蚂蚁会在经过的地方留下气味，方便其他蚂蚁；每一只蚂蚁都很明确自己的目标是找到食物，而如何更快地找到食物必然离不开协作，既做到了利己，也做到了利他，最终让集体智慧最大化。

当然，作为管理者也应该看到，不是任何一项任务都适合协作完成，也不是所有的合作都可以输出结果，有时候独立完成能带来不一样的收获。合理地看待合作与个体行动是管理者智慧的体现。

第七章

解锁亲密关系的实用心理学技巧

如何赢得他人的喜欢？——鸡尾酒会效应

不知你是否有过这样的体验，当你去参加一个鸡尾酒会或是小型派对时，如果你专注地和某一个有魅力的人聊天，派对上其他人交谈的嘈杂声并不会影响到你们的雅兴。在公共场合，这样的现象相当普遍。

这说明什么？说明每个人的注意是有选择性的，而这种选择性的注意在心理学上也被称为鸡尾酒会效应，即人们只会选择去注意自己愿意听到的部分或愿意陈述的部分，以至于在沟通时可能因为忽视了对方的需求，而导致冲突的发生。

譬如，和伴侣的沟通，和朋友的沟通，和父母的沟通，等等，一旦与人沟通时沉醉在自己的表达中，就很难觉察到对方的情绪变化。喜欢谈论自己更甚于在乎对方的感受，在交谈的过程中会选择性地接收自己最想听到的内容进行回应，一旦说到自己感兴趣的内容就开始自说自话，滔滔不绝，这类选择性关注的行为也与鸡尾酒会效应有相似之处。

在 20 世纪 50 年代，英国心理学家科琳·雪莉做过一项心理学实验，被试需要佩戴耳机听语音，左右耳听到的语音内容是不同的，并且需要重复其中一个语音。播放结束之后，被试们都能很好地把自己被要求重复的内容说出来，但是对于另一条语音就基本没什么印象，只能记得是男声还是女声。后来研究人员又将不需要重复的那段语音从英语改成德语，结束之后仍旧询问被试语音播放的是什么语种，大部分人都记不清楚，这项实验也很好地验证了鸡尾酒会效应的存在和影响。

其实很多时候我们会发现，比起听，我们更愿意去说，特别是拥有极强表达欲的人群，似乎当下不表达就失去了机会，但往往也因此引发了诸多的误解、反感、厌恶和不必要的矛盾。最典型的就是吵架的时候，我们没法冷静下来听对方解释。我们总是不自觉地将自己置身于焦点之中，因为这样能让我们获得掌控感，但这恰恰是矛盾积累和爆发的根源。

在交谈的过程中，我们应该意识到没有人会掐表计算你回应和表达的时间，所以放下这份焦虑，先学会倾听对方想要表达的意思，因为倾听是我们了解他人的重要渠道，对方也会觉得被在意和尊重，也能够让我们更好地做出回应。

对方提及某项内容时会触动我们的神经，接着大脑就开始高速运转，组织一段自己认为非常厉害的语言，急于表达、证明自己。史蒂芬·柯维曾说："我们大多数人不是为了理解而倾听，而是为了回应而听。"的确如此，所以倾听需要专注力，真诚地看着对方的眼睛，面带微笑，适时地点头以表示对对方的认同。

专家总结了一套"RASA"原则，运用这一原则可以帮助我们在沟通中赢得他人的喜欢。

R 代表 Receive（接收），在回应时要关注到和我们交谈的人，接收对方的信息，从肢体语言和表情判断对方是否对自己所讲的内容感兴趣，从而决定自己是否继续。

A 代表 Appreciate（欣赏），当对方表达观点的时候，脑子里不是去想如何去回应对方，而是把注意力聚焦在当下对方所表达的内容本身，并给予一定的欣赏和认可，比如回应"对""不错"……

S 代表 Summarize（总结），对方表达完之后不要立即开启自说自话的模式，而是要对对方所表达的意思有一个总结与呼应，可以抽取对方提到的几个关键词进行二次重复，这一步不容忽视，它会让对方觉得你的倾听是真诚的，而不是逢场作戏。

A 代表 Ask（询问），如果心中存有疑问，当对方表达结束之后可以和对方进行探讨，但也要避免变成采访式的提问，以免让对方感到压力。

当你做到了以上几点，与人沟通时会是一幅很和谐的交谈画面，也会增强彼此的舒适感，更容易增加对方的开放度和对你的信任。

现代管理学之父德鲁克曾说过，一个人必须知道自己该说什么，在什么时候说合适，必须知道说的对象是谁，最后还应该知道怎么说，这样的沟通才是有效的。

我等得好焦虑——等待效应

想必每个人在亲密关系里都经历过大大小小的等待，或许是等待一个回复，也或许是等待一份惊喜。有时候，等待确实会令人抓狂、焦虑，但你是否想过，焦虑会让等待变得更为煎熬？又是否有那么一刻，你试着换个角度，去发现等待带给自己的积极意义？

有些人在给伴侣发完消息之后无法忍受长时间的等待，甚至丝毫不给对方喘气的机会。

在两性沟通中，当我们给对方发出信息后，接下来避免不了就是一个等待回复的过程，等待时间的长短会引发一个人不同程度的情绪反应，在心理学上这是等待效应的表现，越是不能接受等待的人内心越容易焦虑，而这类人多半是焦虑型依恋风格。

著名发展心理学家玛丽·爱因斯沃斯曾设计过一个称为"陌生情境"的心理学实验, 20 分钟内通过 8 种不同情境的切换, 比如妈妈和孩子在房间里玩游戏, 然后进来一个陌生人, 妈妈停止和孩子玩游戏, 转而和陌生人交谈, 或者妈妈离开等, 观察儿童和母亲之间是安全型依附还是焦虑型依恋。实验结果显示, 儿童会呈现出 3 种不同的依恋模式, 安全型、焦虑型和回避型。焦虑型的孩子, 只要母亲一离开就会表现得过分担忧和悲伤。成年后在亲密关系中的依恋模式, 其实是由婴幼儿时期自己和抚养者的关系慢慢发展而来的。

对焦虑型依恋的人而言, 在其母婴依恋过程中, 母亲的回应很有可能也是不及时的, 所以等待的这一过程就触发了原生家庭中未被满足的安全感, 而不安的背后是无法接受不确定性的表现。

消除对不确定性的焦虑, 最好的方式是学会在等待中接纳并掌控这种不确定性, 可以设定一个等待的时间, 这个时间不宜过短, 依据对方惯常的频率而定, 并和自己进行一次对话:"自己所焦虑的结果真的有想象的那么可怕吗? 如果等待过后真的出现了不好的结果, 难道就没有其他处理方式了吗? "而你也会慢慢发现通过经历等待这个过程, 最终对方的回应可能并没有你想的那么糟糕, 抑或纯粹是自己的内心戏。

学会增加思考问题的维度。在亲密关系中, 很多时候我们很容易把对方不回复信息上升到不再爱我们的高度, 很显然这是一种毫无依据的思维, 而且很容易让我们陷入心理困境。我们可以把单选题变为多选题，多给自己留几个对方没有及时回应的可能性选项，譬如对方真的恰巧在忙，也有可能真的是忘记了，又或许遇到了什么事等，通过多元化的选项来减少我们的心理负担。

在当今这个通信发达的时代，焦虑成了方便的代价。确实交流工具正在逐步便利化，但是接纳和利用好这份焦虑和等待时间，才能够更好地抓住关系中的主导权。

关系，在彼此给予中成长——好感的互惠性

　　赠人玫瑰，手有余香。在日常生活中，我们时常能感受到帮助别人的同时自己也会获得快乐，而对方也会因此给予你更多的快乐，我们也就拥有了双份的快乐。

　　来自芝加哥大学的三位学者做过一项心理学研究：想象一下，你和一位朋友坐高铁去某地旅行。你们上了车，发现有一个位置是靠窗的，有一个位置在中间，对方比你先走到座位旁，但是没有坐下，而是转头看你想坐哪个位置。如果是你，你会选择哪个位置呢？

　　三位学者发现，人们更可能选中间的座位，而把靠窗的座位留给对方。这其实就是一种互惠行为，当对方帮助了自己，或做出了慷慨的行为，我们也会相应地对对方产生好感，做出积极的、利他的回应。

其实，无论是在朋友、陌生人还是在亲密关系中，都会有互惠行为的发生。特别是在亲密关系中，所有人都渴望被爱，同样也会对自己喜欢的人、给予自己好感的人萌生更多的爱意。

在亲密关系中，最重要的是维持好感的平衡性，也可以理解为好感的互惠性，好感的给予和获取应该是一个相对平衡的过程，也是伴侣双方的基本需要。亲密关系研究者罗兰·米勒认为，好的感情应当建立在互惠互利的基础上。亲密关系中的互惠也有很多种，但是情感上的互惠是最为关键的。

比如，感情生活里经常会遇到一种情况，伴侣平常下了班总会陪你，但某一天因为公司有事可能没办法和你约会了，这个时候你可能会心情沮丧，觉得对方是不是不重视自己了，其实往往不是。这个时候你可以表示你对伴侣的理解："看你今天这么忙，要不我陪你一起加班，改天你再把时间补上。"

伴侣也会因为你的理解而在往后的日子中付出更多，所以关系里的互惠是一个有来有往的过程，我懂你的不容易，你也感恩我对你的付出，这种互惠模式也称为让步式的互惠。

当然，关系中的互惠行为具有即时性，简单地说，就是你可能在当下对对方做出及时的回应，而对方对于互惠行为的回馈可能具有一定的延时性，这个回馈的时间在伴侣之间达成一致即可。

在亲密关系不断发展的过程中，伴侣双方也需要定期检视彼此间的互惠是否有效，是否是对方需要的。双方可以通过问对方以下问题来得到进一步的反馈：

你觉得我给你的让你快乐吗?

你觉得在我这里得到了成长吗?

你觉得我对你付出的是不是和你想的或需要的有偏差?

我们给予彼此的还有哪些是你觉得可以改进的呢?

当伴侣双方都能做到坦诚地交流这些想法的时候,就能更好地看到在下一阶段该如何给予对方好的东西、正确的东西,从而让互惠行为变得恰到好处,双方也才能更好地成为互惠共同体,在检视的过程中一同成长。

互惠关系的美妙之处就在于我们真诚地给予伴侣内心所需要的,同时也在伴侣的反馈中成就了自己,满足了自身的需要,这样爱就可以流动起来。好的关系就是让彼此在互惠中一次又一次增加对对方的好感,一次又一次爱上对方。

我需要一个安全的表达空间——自我表露

在亲密关系中，当我们遇上一个不愿表达的伴侣时，是不是就很容易乱了阵脚？

这个时候，你是不是总想着提建议？

你是不是觉得此刻对方在实施冷暴力？

你是不是特别想当下就和对方说清楚？

或许对于伴侣来说，需要的仅仅是一个更为安全、舒适的空间来打开自己。而打开自己的过程在心理学上称为自我表露。**自我表露，简单地说，是指个体在与他人交往时自发地向他人真实地展现自己，倾诉自己的想法，分享自己的内心。**一个人是否愿意袒露自己的内心，很大程度上取决于另一方给的空间是否足够安全。

自我表露对任何人来说都不是一个容易的过程，那么在亲密关系中，如果我们想要更好地了解对方，想成为对方心中最值得信任的那个人，让其对自己倾诉衷肠，分享快乐和悲伤，该怎么做呢？

很基础的一步是要明白对方向你自我表露背后的心理。**大部分主动自我表露的人都有一个心理：我相信我说的任何话你都能接得住，我相信你能接纳我说的东西**。从另一个侧面来说，也是对方对你的一种信任，所以你得有心理准备，对方将要表达的内容并不一定完全如你所想。

对方表露完之后，记得给予对方情感性的回应，而非主观性的评判，然后再提出自己的合理需求。

如果对方说的话你并不认同，你可以告诉对方，"我能理解你此刻的感受，虽然我也有自己的想法，但并不代表你的观点是错误的，你能告诉我你真实的想法，我想也花了很大的勇气，但是我也希望我们能以舒服的方式，对这个问题做进一步的探讨，你觉得呢"，而不是条件反射式地下定论，"你说得不对，我不这么认为"。

如果你说了后面的话，对方下一次在自我表露的时候就会再三思考自己表达的内容能不能被接受。长此以往，就会产生"我表达的会不会都是错的"的想法，开始封闭自己的内心。这个过程可能你并没觉察到，反而误以为对方是不是对自己有什么特殊的看法，误会就此加深。

那么问题来了，如果对方的表露你确实接不住怎么办？ 毕竟每个人的想法都是存在差异的，这个时候你可以选择坦诚地告诉对方，

"你刚才对我做出的评价让我的内心感到一丝难过，你能告诉我，你为什么会这么认为吗"，而不是第一反应就说："你怎么又开始说我了？"一段关系里，任何人的想法都不是无中生有的，其实简单来说就是两个字：好奇。时刻对对方的表露展现好奇，而不是打心眼儿里觉得对方不该有这样的想法。

自我表露的事情没有大事小事之分，可能很多时候，对方和你分享的仅仅是生活中的一些小细节，比如今天看了一部很不错的剧，今天走在大街上看到一只很可爱的猫，等等，这个时候保持倾听就可以了，不要和对方说"这么点小事也要和我说吗""有啥好说的"这类话。

当对方自我表露的程度和你想要了解的步调不一致时，耐心一点。因为何时进行自我表露，表露到什么地步，出于什么原因进行表露，都是当事人自己的权利。从心理学层面来说，自我表露可以分为四个层次：第一层次是最表层的表露，比如说个人基本信息、兴趣爱好等；第二层次是和态度、价值观相关的表露，比如对某件事情或某个行为的具体看法；第三层次是与人际关系相关的表露，比如自己和朋友、身边人的关系，和父母的关系，等等；第四层次的表露也可以理解为一个人对自己阴暗面的表露，比如自己是一个很自卑的人，也会有一些私心，等等。

当一个人愿意和你分享第四层次的自己时，说明他已经把你当成非常亲近的人，他不想隐藏真实的自己，在对"丑陋"自我接纳的同时，也希望你能接纳他的不完美。

所以，很多时候我们可能误以为伴侣间的亲密度源于沟通的次数，或者了解的程度，其实它更取决于双方自我表露的程度，以及表露后得到的情感性回应。双方自我表露程度越深，其实某种程度上来说也会越亲密，因为深层次表露的背后代表着表露者真正放下了内心的防备，相信在对方那里可以自由地表达自己。

早在 2005 年，《家庭心理学》发表过一篇心理学研究文章，研究者对 96 对伴侣进行了日记行为的研究，伴侣们需要在 42 天的时间里每个人独立去写日记，日记的内容包括自己自我表露的程度，对方自我表露的程度，以及自我表露后接收到的对方的反馈如何。此项心理学研究的最终结果表明，当伴侣能够更好地自我表露，最关键的是，表露之后收到对方积极的反馈时，彼此的亲密度会提升，表露的积极性也会相应提高。

当一个人的情绪被看见，所说的观点一定程度上被接纳时，就更愿意再往深层次谈自己的想法。同样，自我表露也可以帮助我们更好地了解自己，从他人的口中更好地知道多维的自己。

其实，让对方敞开心扉没有那么难，只要在对方自我表露的过程中保持好奇，给予对方一个安全、值得信任、自由放松的表达空间。

每个人的内心深处都有不喜欢自己的地方，对方如果感受到这部分自己被接纳，就有了更多的勇气向我们靠近。同理，当我们去表露最真实的自己，感受到被接纳的那一刻，我们也更愿意再向前一步。

图书在版编目(CIP)数据

零基础心理学入门书：日常生活中的荒诞心理学 / 黄君，多纳著. —
北京：中国法制出版社，2020.12

ISBN 978-7-5216-1487-9

Ⅰ.①零…　Ⅱ.①黄…②多…　Ⅲ.①心理学—通俗读物
Ⅳ.①B84-49

中国版本图书馆CIP数据核字（2020）第239572号

策划编辑：杨智（yangzhibnulaw@126.com）　冯运（654093944@qq.com）
责任编辑：杨智　冯运　　　　　　　　　　　　封面设计：汪要军

零基础心理学入门书：日常生活中的荒诞心理学
LING JICHU XINLIXUE RUMEN SHU: RICHANG SHENGHUO ZHONG DE HUANGDAN XINLIXUE
著者 / 黄君　多纳
经销 / 新华书店
印刷 / 北京海纳百川印刷有限公司
开本 / 710毫米×1000毫米　16开　　　　　　印张 / 11.25　字数 / 114千
版次 / 2020年12月第1版　　　　　　　　　　2020年12月第1次印刷

中国法制出版社出版
书号ISBN 978-7-5216-1487-9　　　　　　　　　　　　定价：39.80元

北京西单横二条2号　邮政编码100031　　　　　　传真：010-66031119
网址：http://www.zgfzs.com　　　　　　　　　编辑部电话：010-66038703
市场营销部电话：010-66033393　　　　　　　邮购部电话：010-66033288
（如有印装质量问题，请与本社印务部联系调换。电话：010-66032926）